VEILLÉES VILLAGEOISES,

OU

ENTRETIENS

SUR

L'AGRICULTURE MODERNE;

PAR M. E.-J.-A. NEVEU-DEROTRIE.

A NANTES, chez P. SEBIRE, libr., place du Pilory ;
A RENNES, chez MOLLIEX, libraire, rue Royale ;
A PARIS, chez L. HACHETTE, libraire, rue Pierre-
Sarrazin, 12.

—

1838.

VEILLÉES VILLAGEOISES.

NANTES, IMP. DE CAMILLE MELLINET. — 27,204.

VEILLÉES

VILLAGEOISES,

OU

ENTRETIENS

SUR

L'AGRICULTURE MODERNE,

A L'USAGE DES ÉCOLES PRIMAIRES RURALES.

TROISIÈME ÉDITION,

REVUE ET CORRIGÉE,

PUBLIÉE AVEC L'AUTORISATION DU CONSEIL ROYAL
DE L'INSTRUCTION PUBLIQUE ;

PAR M. E.-J.-A. NEVEU-DEROTRIE,

AVOCAT, SECRÉTAIRE DE LA SECTION D'AGRICULTURE DE LA SOCIÉTÉ
ROYALE ACADÉMIQUE DE NANTES ET DE LA SOCIÉTÉ NANTAISE
D'HORTICULTURE, PROFESSEUR D'ÉCONOMIE RURALE A L'ÉCOLE
NORMALE.

« C'est elle (l'agriculture) qui enfante les
armées ; c'est dans les champs couverts d'épis
que germe la victoire. Il serait bien digne d'un
siècle aussi éclairé que le nôtre de tirer enfin
cette classe d'hommes si utiles, de l'état vil
et malheureux où elle a été jusqu'à présent. »
(THOMAS, de l'Académie Française).

A NANTES, chez P. SEBIRE, libr., place du Pilori ;

A RENNES, chez MOLLIEX, libraire, rue Royale ;

A PARIS, chez L. HACHETTE, libraire, rue Pierre-
Sarrazin, 12.

—

1838.

Seront réputés contrefaits tous les exemplaires qui ne porteront pas la signature de l'auteur.

Les contrefacteurs seront poursuivis conformément à la loi.

Encouragé par le succès des deux premières éditions, l'auteur s'est attaché à
compléter celle-ci, et les améliorations
qu'il y a apportées seront sans doute appré-
ciées. Le format in-18 a été généralement
demandé. Les figures des instruments aratoires sont insérées dans le texte, en regard de la description de chacun; plusieurs additions importantes ont été faites,
et cette édition contient près d'un tiers
de matières de plus que les précédentes.
Publiée sous les auspices de la Société

vj

Royale Académique de Nantes et du Conseil-Général de la Loire-Inférieure, la troisième édition des *Veillées Villageoises* obtiendra un succès égal aux deux premières, et deviendra le livre de lecture habituelle des enfants dans les écoles de village, et le manuel de tous les cultivateurs.

Nous croyons utile de faire connaître l'approbation donnée à cet ouvrage par le Conseil royal de l'Instruction publique et par le Conseil-Général de la Loire-Inférieure.

LETTRE DE M. LE MINISTRE DE L'INSTRUCTION PUBLIQUE

A M. NEVEU-DEROTRIE.

Paris, le 20 octobre 1835.

Monsieur,

Le Conseil royal de l'Instruction publique s'est occupé, dans sa séance du 6 octobre courant de l'examen de l'ouvrage intitulé : *Veillées Villageoises, ou Entretiens sur l'Agriculture moderne,* que vous avez présenté à l'adoption universitaire.

D'après le rapport de la commission chargée de la révision de tous les livres destinés aux écoles primaires, le Conseil royal a décidé que l'usage de cet ouvrage *est autorisé dans les écoles rurales*.

Recevez l'assurance de ma parfaite considération.

Pour le Ministre de l'Instruction publique,

Le Conseiller Vice-Président,

VILLEMAIN.

EXTRAIT DU RAPPORT FAIT AU CONSEIL-GÉNÉRAL.

Séance du 30 août 1837.

5.ᵉ QUESTION. — Quel mode employer pour répandre partout l'instruction agricole et les meilleures méthodes ?

RÉPONSE. — Mettre aux mains des élèves des écoles communales un traité élémentaire d'agriculture tel que celui ayant pour titre : *Veillées Villageoises,* par M. NEVEU-DEROTRIE, serait un moyen sûr et facile de les initier de bonne heure au secret des théories agricoles, d'en faire apprécier le charme dès le bas âge, et de les conduire, par une chaîne non interrompue, de la théorie à la pratique des meilleures méthodes,

Distribuer aux cultivateurs les plus méritants quelques exemplaires d'un pareil traité serait leur ouvrir plus large la voie du progrès dans laquelle ils ont fait un premier pas, et naturaliser l'instruction agricole dans les hameaux, par l'influence bien connue qu'exerce la lecture sur les esprits les plus rétifs.

PRÉFACE.

L'agriculture, si long-temps négligée en France, commence enfin à sortir de l'espèce d'engourdissement dont elle était frappée. Toutes les branches de l'industrie faisaient des progrès rapides ; elle seule, la plus utile de toutes cependant, demeurait stationnaire, et n'avait d'autres règles qu'une routine aveugle.

Depuis que l'on a compris l'importance de l'amélioration de l'agriculture, des sociétés se forment dans la plupart des départements ; des écoles s'élèvent, des fermes-modèles s'établissent, des concours s'ouvrent, et des primes sont accordées aux cultivateurs les plus zélés, et dont les travaux sont jugés les meilleurs.

Cependant, si en théorie l'agriculture a fait un pas immense, dans la pratique les améliorations sont encore peu sensibles, parce que l'instruction avance à pas lents dans la classe pauvre et nombreuse des habitants des campagnes.

Vouloir changer tout-à-coup le système d'agriculture suivi depuis des siècles par les cultivateurs, serait tenter l'impossible. Les démonstrations les plus évidentes viendraient échouer contre la routine.

Les traités pleins d'érudition et de science, les ouvrages volumineux ne sont point lus dans les campagnes, parce que les uns sont au-dessus de l'intelligence, et les autres ne sont pas en rapport avec les moyens pécuniaires de la plupart des cultivateurs.

L'auteur des *Veillées Villageoises* a cherché le moyen le plus sûr d'éviter ce double écueil.

Réunir dans un petit volume les connaissances les plus propres à conduire par degrés à l'amélioration de l'agriculture, en les mettant à la portée de toutes les intelligences, tel est le but qu'il s'est proposé.

Jérôme, le personnage principal, est ce que l'on peut appeler un coq de village. Né de parents vertueux, avec d'heureuses dispositions, il a su profiter de l'éducation qu'on lui a donnée dans sa jeunesse, en ornant son esprit et en formant son cœur.

Le lecteur apprendra de la bouche même de Jérôme quelles matières il a l'intention de traiter dans ses veillées ; et, si le public l'accueille avec quelque indulgence, qu'il se trouve dans chaque paroisse un homme qui l'imite !

L'idée de former ainsi de petites réunions dans les campagnes, serait peut-être ce qui contribuerait le plus au développement de l'agriculture. C'est parmi les hommes qui se livrent à une pratique journalière, que l'utilité des sociétés d'agriculture serait le plus sentie. Chaque jour on pourrait constater quelques faits nouveaux ; chacun donnerait le résultat de son expérience et de ses essais, ferait ses objections sur les nouvelles découvertes, offrirait à résoudre les difficultés qui se sont présentées à lui. De là naîtrait l'émulation, et nous verrions bientôt l'agriculture arriver à un degré de perfection inconnu jusqu'à présent. Que les hommes qui se dévouent à l'agriculture y réfléchissent ! Qu'ils comprennent tout le bien qu'ils peuvent faire ! Alors les vœux de l'auteur des *Veillées Villageoises* seront accomplis, puisque en faisant naître cette pensée, il aura pu être utile.

VEILLÉES

VILLAGEOISES,

ou

ENTRETIENS

sur

L'AGRICULTURE MODERNE.

INTRODUCTION.

Jérôme vivait retiré dans sa ferme avec sa femme et ses enfants, qu'il élevait dans la crainte de Dieu et l'amour du travail. Cultivateur intelligent, sa terre, quoique d'une petite étendue, lui fournissait abondamment de quoi nourrir sa famille, et lui permettait même de faire chaque année quelques économies. Il avait compris que le meilleur système d'agriculture était celui qui donnait le plus de produits et occasionnait le moins de frais. Il étudiait et comparait les divers modes de culture, et avait le bon esprit d'imiter ceux de ses voisins qui avaient fait quelque utile découverte ; souvent même il les surpassait, parce qu'il n'agissait qu'avec réflexion et méthode, tandis que les autres, qui ne devaient qu'au hasard leur réussite momentanée, ne savaient pas en tirer parti.

Jérôme n'adoptait pas avec un enthousiasme démesuré les nouvelles inventions, mais il ne repoussait pas comme des chimères celles qui pouvaient conduire à des résultats avantageux. En un mot, Jérôme était prudent, sans être routinier.

C'est ainsi qu'il fut un des premiers de son canton à renoncer aux jachères, à faire des prairies artificielles, à cultiver les pommes de terre et les betteraves-disettes, etc.

Ses bestiaux, plus gras, plus frais et plus nombreux que ceux de la plupart des autres cultivateurs de sa commune, qui faisaient valoir une plus grande étendue de terrain, ses récoltes, plus propres et plus abondantes, fixèrent l'attention de ses voisins, et firent taire les sarcasmes auxquels il avait été en butte d'abord.

Jérôme reçut des félicitations, obtint des primes et des encouragements.

Ces succès n'excitèrent pas l'envie, parce que l'on voyait qu'ils étaient mérités; mais ils firent naître l'émulation. Jérôme n'était pas égoïste, et tout le monde l'aimait, parce qu'il ne refusait à personne la connaissance des procédés qu'il employait, et qu'il n'avait d'autre ambition que de faire honneur à ses affaires et d'être utile à ses concitoyens. Contribuer au bonheur de son pays, était pour lui une satisfaction réelle.

Enfin, sa bonté, sa douceur et son savoir engagèrent quelques jeunes cultivateurs à le prier de les instruire; et Jérôme y consentit avec d'autant plus de plaisir qu'il entrevoyait par là la possibilité de déraciner les vieilles routines, et de propager les moyens d'amélioration de l'agriculture dans son pays.

Il fut convenu que deux fois la semaine on se réunirait chez lui après la journée faite; que là chacun pourrait faire ses observations sur l'effet des leçons précédentes, que l'on mettrait en pratique autant qu'il serait possible.

On attendait avec impatience le jour de la première réunion. Il arriva enfin, et Jérôme, au milieu d'un auditoire attentif et plus nombreux qu'il ne s'y attendait, commença, ainsi qu'on va le voir, son petit cours d'agriculture, qui devait opérer de si heureux changements dans la position des cultivateurs de sa commune.

PREMIÈRE VEILLÉE.

Considérations générales sur l'agriculture. — Exposé du plan. — Assolements. — Assolement triennal. — Ce qui le rend défectueux et nuisible à l'agriculture. — Opinion de Jérôme sur les innovations.

Mes amis, lorsque de toutes parts les diverses branches de l'industrie s'accroissent et se perfectionnent, la plus noble de toutes ne doit pas rester en arrière.

L'amélioration de l'agriculture est l'objet de tous les vœux, et les hommes les plus recommandables s'empressent de seconder de tous leurs efforts le mouvement progressif qui lui est imprimé.

L'impulsion est donnée, c'est à nous de la suivre. Le moment est venu, je l'espère, où l'agriculture va enfin reprendre le rang honorable, qu'en raison de son importance, elle n'aurait jamais dû perdre.

Déjà des progrès immenses ont été faits dans quelques contrées qui en recueillent les fruits; mais ils se propagent lentement, parce que ce qui manque en général dans les campagnes, c'est l'instruction. Du défaut d'instruction naît l'attachement aux vieilles routines, avec lesquelles il n'y a pas d'amélioration possible.

Tout s'enchaîne dans la vie : cet attachement aux vieilles routines est la source du défaut d'aisance, et le défaut d'aisance nuit à son tour au développement de l'instruction, parce que le cœur flétri par la pauvreté n'a d'autre sentiment que celui de sa misère.

L'agriculture remonte à l'origine du monde. Dès les premiers siècles, les hommes sentirent la nécessité d'accroître leurs ressources à mesure que la population devenait plus nombreuse, et que leurs besoins se multipliaient. Les générations se succédèrent, et chacune léguait à celle qui la suivait de nouvelles découvertes pour satisfaire ces besoins toujours croissants. C'est ainsi que les hommes commencèrent à défricher la terre, et lui confièrent diverses semences, dont ils firent ensuite leur nourriture.

Faible et grossière d'abord, la culture acquit peu à peu une plus grande importance; les meilleurs cultivateurs devinrent les personnages les plus considérés de leur tribu. Plus tard , ce fut parmi eux que l'on choisit les généraux, les consuls, les sénateurs, etc.

L'agriculture fut honorée partout d'une manière toute particulière, comme la source la plus féconde de la prospérité des états , et nous voyons encore dans la Chine le souverain tracer lui-même chaque année un sillon.

L'agriculture, comme tous les arts, tend toujours à se perfectionner. L'histoire des générations qui nous ont précédés doit être aussi la nôtre.

Où en serions-nous, mes amis, si nos pères n'avaient pas cherché par d'utiles découvertes à améliorer leur sort ? Quel est celui d'entre vous qui voulût encore se vêtir d'écorces ou de peaux de bêtes, et s'abriter contre les orages dans des cavernes et des troncs d'arbres, comme au temps d'ignorance qui suivit la chute d'Adam, et dans laquelle sont encore plongées de nos jours quelques peuplades sauvages? Grâce au perfectionnement des arts et de l'agriculture, nous n'en sommes plus réduits là !

Mais nous sommes encore bien loin de la perfection, et si nous payons aux générations passées un tribut de reconnaissance, efforçons-nous, en améliorant pour nous-mêmes notre position, de mériter aussi les bénédictions des races futures.

Après ce préambule, Jérôme se reposa un instant. Son visage était animé ; ses yeux brillaient, et sur son front hâlé par les rayons du soleil on lisait l'espoir d'être utile. Gille avait la bouche béante ; Joseph et François se parlaient bas, en témoignant par leurs gestes qu'ils se sentaient tout disposés à faire quelque chose pour la postérité, et sur le visage du vieux Pierre se peignait un noble orgueil,

Jérôme reprit :

Après vous avoir dit ce qu'était autrefois l'agriculture, il faut que vous sachiez ce qu'elle est aujourd'hui ; mais auparavant, je dois vous faire connaître les sujets sur lesquels j'aurai le plaisir de m'entretenir avec vous.

Je vous expliquerai ce que l'on entend par *assolement*, ce que c'est que *l'assolement alterne* comparé à *l'assolement triennal* ; je vous parlerai des *jachères*, de leur inutilité ; je vous dirai combien elles sont nuisibles à l'agriculture. Je vous exposerai le système de la classification des terres. Plus d'une veillée peut-être sera consacrée à vous parler des *engrais*, de leur *action*, de leur distribution et de leur quantité, eu égard à la nature du sol. Quelques mots sur divers instruments aratoires, sur les *divers systèmes de labour*, la culture des *céréales*, et les préservatifs contre la *carie du froment*. Nous nous occuperons aussi des *prairies naturelles*. J'aurai à vous entretenir des *prairies artificielles*, de leur importance, de la culture des *trèfles*, de la *luzerne*, etc. ; de la culture et de l'importance des *plantes sarclées*, des *pommes de terre*, des *betteraves disettes*. Enfin, je vous indiquerai l'ordre de la nourriture à donner aux bestiaux pendant toute l'année, ainsi que la quantité approximative pour chaque tête de bétail, et les avantages que vous retirerez de l'emploi de cette méthode. J'y joindrai quelques notions sur les plantations et les terrains qui leur conviennent.

On nomme *assolement* le cours de culture, ou plutôt la suite d'ensemencements que l'on fait les uns après les autres, dans un ordre régulier ou irrégulier.

Ainsi, faire successivement des ensemencements de blé-noir ou d'orge, de froment et d'avoine, est un assolement; c'est celui que l'on nomme *assolement triennal*, lorsqu'après ces trois sortes de culture on laisse la terre sans nouvel ensemencement pendant deux ou trois autres années, et qu'ensuite on recommence dans le même ordre.

Cet usage, ou, si vous voulez, cet assolement, est le plus généralement suivi en France, et surtout en Bretagne. Aux trois années de récolte dont je viens de vous parler, vous faites succéder plusieurs années de *jachère*, ou, comme vous le dites, de *repos* ou de *séjour*.

L'habitude et la routine ont consacré cette division des labours, qui vous a été transmise de père en fils, et j'oserais à peine en combattre l'usage, si je n'avais à vous offrir l'exemple des avantages qui résultent du changement de ce système, dont je vais vous exposer les inconvénients.

Deux choses principales rendent l'assolement triennal défectueux et nuisible à l'agriculture:

1.º Le retour périodique des mêmes cultures dans les mêmes terres ;

2.º La conservation des jachères.

Il résulte du retour périodique des mêmes semences dans les mêmes terres , que la reproduction d'une quantité de mauvaises herbes devient plus active et plus abondante ; ainsi que je vous le démontrerai : et puis la nature des céréales est d'ôter beaucoup de sucs à la terre sans rien lui rendre ; si donc après avoir amendé votre terre par une première culture , vous semez du froment, puis de l'avoine sans ou presque sans nouveaux engrais , il en résultera que la terre épuisée par ces ensemencements , ne contiendra plus qu'une portion très-faible de sucs propres au développement et à la nutrition des grains que vous lui confierez. Le grain n'aura pas de corps , sera creux et petit , les pailles grêles et cassantes , et de là tant de récoltes manquées.

C'est aussi ce qui a donné lieu à l'établissement des jachères , dont je vous parlerai dans une autre réunion.

Comparez mes champs aux vôtres! Avec moins de travail et de dépense , les miens sont purgés de la majeure partie de ces plantes inutiles et nuisibles , depuis que j'ai adopté un autre mode de culture. Ma terre , plus ameublie et plus propre , me donne des productions plus nettes et d'une qualité supérieure. Que chacun de vous, avant la prochaine veillée, jette un coup d'œil sur mon exploitation et la sienne, et qu'il ne craigne pas de me faire ses observations ; ce sera le moyen de nous instruire tous ensemble.

Avant de nous séparer, je vous remercie de l'attention avec laquelle vous m'avez écouté ; croyez bien que je ferai tous mes efforts pour vous démontrer, d'une manière claire et précise, l'avantage immense qui doit résulter pour vous du changement de votre système d'assolement.

Les innovations en agriculture ont besoin d'être appuyées sur des faits positifs ; elles doivent porter avec elles la preuve matérielle de leur utilité ; procurer des bénéfices évidents, soit par l'augmentation immédiate des produits, soit par la diminution sensible des dépenses. Telle est ma manière de voir ; aussi je joindrai la démonstration de la pratique à la théorie ou à l'exposé des principes d'une bonne agriculture. J'espère alors que vous ne refuserez pas d'entrer dans une voie nouvelle, et que vous renoncerez à cette croyance dans laquelle vous avez été élevés, que toute dérogation à l'ordre des ensemencements serait pour vous la cause d'une ruine totale et prochaine.

Il se faisait déjà tard, et personne ne s'était aperçu de la longueur de la veillée, tant on avait trouvé d'attraits à écouter le bon Jérôme. Quels sujets de réflexions pour tous ! Ils n'a-

vaient jamais pensé à tout ce qu'il venait de leur
dire, et quelque attachés qu'ils fussent à leur
routine, ils étaient frappés des raisonnements
de Jérôme, d'autant plus qu'ils admiraient la
richesse de ses moissons, et concevaient l'es-
pérance, en l'imitant et en suivant ses conseils,
d'en obtenir d'aussi belles. Plein de ces idées,
chacun se retira, se promettant bien de ne pas
manquer d'assister à la prochaine veillée.

DEUXIÈME VEILLÉE.

Assolement alterne. — Jachères. — Leur utilité préten-
due. — Inutiles et nuisibles.

Quatre jours s'étaient écoulés, et les auditeurs de Jérôme étaient rassemblés en plus grand
nombre encore que la première fois. On avait
visité son exploitation ; ses champs de pommes
de terre et de betteraves-disettes, ses magni-
fiques prairies artificielles avaient excité l'ad-
miration. Point de terres incultes ; au lieu des
pâturages arides des autres cultivateurs, on
voyait des coupes de trèfle d'une végétation superbe, et la terre semblait n'avoir été dépouillée des orges et des blés-noirs, que pour laisser

voir une verdure plus belle et donner des produits nouveaux.

Jérôme, de son côté, n'était pas resté dans l'inaction. Il se proposait de faire comprendre dans cette soirée combien l'assolement alterne était préférable à l'assolement triennal. Il avait à détruire un préjugé profondément enraciné, et sentait combien sa tâche était difficile. Sa présence fit cesser les conversations particulières, et bientôt il commença ainsi :

C'est avec un nouveau plaisir, mes bons amis, que je vous vois réunis une seconde fois. A notre première veillée, j'ai cherché à augmenter en vous le désir d'améliorer l'agriculture; je vous ai engagés à visiter mes champs; avez-vous remarqué des productions plus belles que dans les vôtres ? Je ne viens pas quêter des félicitations; je ne demande de votre part que de la sincérité.

Eh bien, chacun de vous peut obtenir les mêmes résultats : c'est en suivant le mode de l'assolement alterne, que j'ai réussi comme vous l'avez vu.

Je nomme *assolement alterne* celui qui consiste à cultiver entre chaque ensemencement de grains ou céréales, soit des plantes sarclées, comme la pomme de terre, la betterave-disette, etc., soit des plantes propres à former des prairies artificielles.

Au lieu de laisser mes terres en *jachères*, dans une partie j'ai cultivé des pommes de terre et des betteraves-disettes, qui fourniront à mes bestiaux une nourriture saine et abondante pour l'hiver, et me procurent en outre l'avantage d'avoir nettoyé et ameubli ma terre, et de l'avoir ainsi préparée à recevoir les semences d'hiver.

Dans une autre, j'ai semé du trèfle, qui nourrira mes bestiaux au printemps.

Par l'assolement alterne, je fais trois récoltes; tandis que vous n'en faites que deux en suivant l'assolement triennal. Cela est facile à concevoir, puisque, dans l'intervalle de la récolte en céréales d'une année à l'ensemencement de l'année suivante, je fais une autre récolte que je peux nommer *intercalaire*. Cependant ma terre n'est pas d'une autre nature que la vôtre; je ne récoltais pas plus que vous, lorsque je suivais le même usage; vous récolterez autant que moi, en adoptant le même système.

Si l'assolement triennal est vicieux par le retour périodique des mêmes semences dans les mêmes terres, il l'est encore davantage par la conservation des jachères.

Peut-être ne comprenez-vous pas assez ce que l'on entend par ce mot, je vais vous l'expliquer: La *jachère* est l'état de la terre qu'on laisse sans culture pendant une ou plusieurs années, et que dans quelques pays l'on nomme *terre en friche* ou *séjour.* D'autres donnent le nom de *jachère* à la terre préparée par plusieurs labours sans ensemencement. Cette définition n'est pas conforme au sens que l'on a toujours attribué au mot de *jachère.* Comprise ainsi, la *jachère* serait plutôt avantageuse que nuisible, puisqu'elle consisterait à ameublir la terre et à la purger des mauvaises herbes par de fréquents labours.

Je conserverai donc la première définition de la jachère, que je viens de vous donner, et qui est celle adoptée par la plupart des meilleurs auteurs.

L'utilité des jachères ne peut être considérée que sous deux points de vue ; soit comme pâturages, soit comme repos nécessaire à la terre.

Il est du plus grand intérêt pour le cultivateur, vous le savez tous comme moi, d'avoir des pâturages gras et fertiles, où ses bestiaux puissent trouver une nourriture saine, substantielle et abondante. La qualité des pâturages exerce sur l'agriculture une grande influence ; c'est d'elle que dépend l'augmentation du produit journalier des bestiaux et de leur valeur vénale.

Les jachères, considérées comme pâturages, sont loin de remplir ces conditions. Elles produisent de l'herbe, sans doute, mais en même temps elles fournissent une grande quantité de plantes d'une mauvaise qualité, que les bestiaux ne mangent pas. Voyez vos champs couverts de fougères, de digitales, de bruyères, d'ajoncs nains, de centaurées, etc. ; les bestiaux n'y touchent pas. Mais, supposons que l'herbe produite par les jachères soit de bonne qualité, elle est bien peu fournie les premières années ; la nourriture qu'elle donne aux bestiaux n'est ni substantielle ni abondante, et c'est précisément lorsque les productions naturelles des jachères commenceraient à être de quelque utilité comme pâturages, par leur abondance, que revient le tour de ces jachères d'être rendues à la culture, en suivant l'ordre de l'assolement triennal.

Ne croyez pas cependant, mes amis, que je sois d'avis de supprimer entièrement les jachères ou plutôt les pâturages ; mais je voudrais en voir diminuer le nombre ; je voudrais que l'on ne conservât les jachères qu'une année, et non plus trois, quatre, cinq ans et quelquefois plus, et que ce fût une portion des champs que l'on aurait convertis auparavant en prairies artificielles, ensemencés en trèfle, par exemple ; alors vous auriez de bons et d'utiles pâturages.

A l'avantage de faire faire à vos bestiaux un exercice nécessaire se réunirait celui de leur procurer une bonne nourriture dehors, après avoir tiré de ces mêmes champs, pendant plusieurs mois, une nourriture abondante pour l'étable.

Les jachères, telles que vous les conservez, sont-elles plus utiles, considérées sous le rapport du repos donné à la terre ?

C'est un préjugé généralement répandu que la terre a besoin de se reposer, après avoir produit les trois sortes de récoltes dont je vous ai parlé, le sarrasin ou l'orge, le froment et l'avoine. J'ai long-temps partagé avec vous cette opinion erronée, mes chers amis, et l'on peut dire qu'elle est une conséquence du mode vicieux de l'assolement triennal.

Les céréales, comme je vous l'ai dit, prennent beaucoup à la terre et lui rendent peu. Les ensemencements successifs en blé ou froment et en avoine, consomment les amendements donnés à la terre en semant le sarrasin ou même postérieurement ; il en résulte que la végétation d'un second ensemencement en blé ou en avoine doit en souffrir, parce que les sucs nécessaires à la nutrition de ces espèces de céréales ont été absorbés en grande partie, sans avoir été entretenus ou renouvelés. La terre s'épuise, en effet, et cesse alors d'être aussi propre pendant quelques années à cette culture. C'est probablement par suite de cette remarque que, dans la plupart des baux à ferme, on insère la défense

au fermier de faire deux ensemencements de
suite en avoine ou en froment; mais gardez-
vous de croire que la terre se repose, parce
qu'on ne lui confie pas de semences.

Le repos serait l'absence de toute production;
or, l'expérience de tous les jours démontre que
la terre laissée en jachère ne cesse pas, pour
cela, de produire; il n'est pas un champ qui ne
se couvre bientôt d'herbes et de plantes de
diverses espèces, lors même que la main de
l'homme n'y a pas déposé de semences. La nature
est infatigable et ne se repose jamais; il faut
toujours qu'elle agisse avec ou sans le concours
de l'homme : c'est à lui de discerner ce qui peut
favoriser ou contrarier ses desseins, et à les faire
tourner à son profit.

Donnez à la terre de fréquents labours et des
engrais suffisants, variez vos cultures; après
des ensemencements que je nommerai *épuisans*,
faites des ensemencements dont l'effet est de
rendre à la terre sa vigueur, soit en déposant
dans son sein de nouveaux sucs, soit en faci-
litant l'action de l'air sur ses différentes parties; mais ne la laissez jamais à rien faire,
parce qu'elle ne se repose pas.

Laisser la terre en jachère pour lui donner
un repos qui ne saurait exister, c'est ne pas
connaître la marche de la nature, et renoncer
volontairement à ses bienfaits.

Jérôme allait continuer, lorsque Joseph se leva, et lui dit : Vous nous avez permis, Jérôme, de vous faire des observations, lorsque nous ne comprendrions pas bien. La terre, dites-vous, ne se repose pas, quand on la laisse en jachère; cependant nous avons remarqué qu'étant rendue à la culture après un certain nombre d'années, elle semblait plus mûre, et donnait des produits plus nombreux. Si ce n'est pas la suite du repos, dont elle a joui, expliquez-nous, s'il vous plaît, quelle en est la cause.

Bien volontiers, reprit Jérôme, et je m'attendais à cette objection. Je vous disais tout-à-l'heure que la terre s'épuisait ou, si vous voulez, se lassait de produire les mêmes céréales plusieurs années de suite, parce que les céréales absorbent beaucoup de sucs nutritifs et ne rendent rien à la terre. Aussi ne vous ai-je pas conseillé de continuer sans interruption vos ensemencements en froment ; je vous ai dit, au contraire : Variez vos cultures ; mais si vous avez remarqué de plus beaux produits après les jachères, ils viennent non du repos de la terre, mais de ce que la couche de verdure qui s'est formée à sa surface, et qui se trouve enfermée par le labour, fermente dans son sein, pourrit et lui tient lieu d'une fumure. Je vous expliquerai cela plus au long, en vous parlant des engrais végétaux, dont l'emploi ne vous est pas assez connu, et qui offrent cependant de grands avantages.

Revenons aux jachères ; après vous avoir dit que je les regardais comme inutiles, tant sous le rapport du repos de la terre que comme pâturages, j'ajouterai que je les considère comme très-nuisibles.

En agriculture, tout ce qui n'est pas utile devient nuisible par le fait même de son inutilité, et ce principe est particulièrement applicable aux jachères. Les jachères favorisent le développement et la multiplication des mauvaises herbes, privent le cultivateur d'un grand nombre de récoltes précieuses dont elles tiennent la place ; enfin, avec les jachères, il y a diminution dans la qualité des récoltes, diminution dans le produit journalier et dans la valeur vénale des bestiaux.

Vous paraissez étonnés, mes amis ; mais bientôt j'espère que vous allez être convaincus de la vérité de ces propositions.

Vous vous plaignez souvent de l'immense quantité de fougères, de chardons, de chiendent, d'ajoncs, etc., dont vos champs sont remplis ; ce n'est qu'au bout de plusieurs années et après de nombreux sarclages, qui augmentent considérablement la main-d'œuvre, que vous parvenez à purger votre terre de ces plantes qui lui portent tant de préjudice. D'où vient ce surcroît de peines et de dépenses ? De ce que ces plantes ont mûri dans les jachères, et les ont remplies de leur graines ou d'une infinité de racines, sur lesquelles poussent de nouvelles herbes. Pendant plusieurs années les graines se conservent dans la terre, et germent aussitôt qu'elle est remuée par les labours.

Certes, aucun mode de culture que ce soit ne débarrassera entièrement votre terre de toutes les plantes étrangères aux récoltes ; mais si vous parvenez à en détruire la plus grande partie, sans augmenter votre travail et vos dépenses, vous aurez déjà obtenu un résultat fort avantageux. Vous n'y parviendrez jamais en conservant les jachères, qui, favorisant la multiplication de ces mauvaises plantes, nuisent encore par là même à la qualité de vos récoltes.

Quelque exacts, quelque minutieux que soient les sarclages que vous faites dans vos champs, il reste toujours une grande quantité d'herbes qui viennent à maturité en même temps que le grain, et se mêlent à la récolte. Plus votre grain est pur et net, plus il a de valeur ; plus, au contraire, il est mélangé de graines souvent malfaisantes, comme l'ivraie ; plus, en un mot, il contient *de charge*, pour me servir de l'expression que nous employons ordinairement, moins le prix en est élevé. Il y a donc perte réelle.

Mes amis, la veillée est avancée ; je vous parlerai un autre jour des précieuses récoltes dont vous vous privez par les jachères. Ceci trouvera nécessairement sa place, lorsque j'aurai à vous entretenir des prairies artificielles, de la culture des pommes de terre et des betteraves-disettes. Je veux, en finissant, vous démontrer qu'en conservant les jachères, il y a perte dans les produits journaliers des bestiaux et dans leur valeur vénale.

Je vous ai dit, en parlant de l'inutilité des jachères comme pâturages, que les bestiaux n'y trouvaient que peu ou point de nourriture. Si vous voulez que vos bestiaux vous rendent beaucoup, il ne faut pas leur épargner la nourriture ; il faut surtout qu'elle soit substantielle. Le peu que vos vaches recueillent dans les jachères suffit à peine à leur entretien. Pour qu'elles vous donnent beaucoup de lait, vous êtes obligés de leur fournir davantage à l'étable, ou bien le lait est clair et sans crême, et vous n'en avez qu'une très-petite quantité. Le fourrage venant à vous manquer, elles dépérissent ; il faut les vendre, et dans quel état !... Remplaçant, au contraire, vos jachères stériles par de gras pâturages, vous conserverez vos fourrages pour l'hiver, vous aurez du lait et du beurre en abondance, et vos fumiers augmenteront dans la même proportion. Vos bestiaux gras,

frais et bien portants, se vendront avec bénéfice, et vous trouverez l'aisance, où vous n'avez
jusqu'ici rencontré que la misère.

Cessez donc, mes chers amis, de croire à la
nécessité de laisser reposer vos terres ; renoncez à la routine de l'assolement triennal, pour
adopter un mode de culture plus propre à accroître vos ressources ; cultivez toutes les parties de votre exploitation. Dans la prochaine
réunion, je m'efforcerai de vous donner l'analyse
ou la classification des diverses sortes de terres.
Je vous parlerai ensuite des divers engrais.

Jérôme avait cessé de parler, on semblait l'é-
couter encore. Les objections que plusieurs des
assistants s'étaient proposé de faire, tombaient
devant ses raisonnements et surtout son exemple. On ne pouvait se dissimuler que ses récoltes étaient plus propres et plus nettes que
les autres ; que ses grains rendaient davantage,
que ses vaches donnaient plus de lait, plus de
beurre, et fournissaient plus de fumier ; que
ses bœufs étaient plus gras ; que tous ses bestiaux étaient en meilleur état et d'une valeur
bien supérieure. Sa provision de fourrages pour
l'hiver était à peine entamée, et déjà ses voisins
avaient consommé près d'un quart de la leur. Sa
ferme pouvait être citée comme le modèle de
celles du canton.

Jérôme avait développé les principes qui conduisaient à un meilleur mode d'agriculture, et promettait d'indiquer les moyens d'arriver comme lui à une complète réussite : c'en était assez pour piquer la curiosité.

TROISIÈME VEILLÉE.

Classification des terres. — Argileuses, calcaires, — crayeuses, — marneuses, — siliceuses. — Sous-sol d'une nature souvent différente du sol. — Terre de landes.

C'était un lundi, vers la fin de septembre. Les réunions chez Jérôme faisaient l'objet de toutes les conversations. Malheureusement, dans sa commune, comme dans beaucoup d'autres, une partie de ce jour était consacrée à la débauche plutôt que d'être employée utilement. Il faut le dire, c'était le petit nombre qui suivait cette déplorable coutume, mais c'était encore beaucoup trop. Les honnêtes gens, les hommes religieux en gémissaient, et ce n'était pas sans intention que Jérôme avait choisi ce jour pour l'un de ceux destinés à rassembler autour de lui la jeunesse du pays.

La crainte de lui déplaire (car on avait pour lui le plus grand respect) avait déjà opéré sur les mœurs une salutaire influence. Jérôme avait des principes austères ; on le savait, et l'on se gardait bien de paraître devant lui, même dans un état voisin de l'ivresse. Ceux qu'il admettait à ses veillées, devaient être l'exemple du pays par leur conduite, comme il espérait qu'ils le deviendraient sous le rapport de l'agriculture.

Il n'est, dit le proverbe, si bon cheval qui ne bronche, et François, l'un des plus assidus et des plus intelligents cultivateurs, avait un peu dépassé les bornes de la sobriété. Il ne voulait cependant rien perdre des leçons qu'il avait commencé à mettre en pratique. Il se hasarde, arrive en chancelant, se met dans un coin afin d'éviter l'œil de Jérôme, et est assez heureux, croit-il, pour n'en pas être aperçu.

Le sujet de la soirée devait être important ; Jérôme avait promis d'indiquer la division des différentes classes de terre. Il tint parole.

Les terres, dit-il, se divisent en trois classes principales :

1.º Les terres argileuses ;
2.º Les terres calcaires ;
3.º Les terres siliceuses.

On nomme *terres argileuses* ou *terres fortes,* ou encore *lourdes* et *froides,* celles qui contiennent une grande quantité d'*argile* ou *glaise.* On les nomme encore *terres alumineuses ;* ces sortes de terre sont de couleurs très-variées :

tantôt rouges ou grisâtres, tantôt bleuâtres ou brunes. On reconnaît que la terre est argileuse, lorsqu'elle est tenace, qu'elle se divise avec difficulté. Elle est très-mouillée pendant l'hiver, parce que l'eau la pénètre difficilement, et devient extrêmement dure lors de la sécheresse. Le plus souvent elle se fend au soleil, et les crevasses ont quelquefois une profondeur considérable. Les grandes pluies, comme les grandes sécheresses, nuisent beaucoup aux grains dans les terres argileuses, parce que, dans le premier cas, ces terres conservant beaucoup d'humidité, les semences pourrissent, et, dans le second, se resserrant avec force sur les tiges, empêchent leur développement. Les plantes alors se dessèchent, faute d'aliment et de sève.

Aucune année ne pouvait être plus propre que celle-ci, pour vous faire juger des inconvénients des terres argileuses.

En vous parlant des engrais, je vous indiquerai ceux qui conviennent le mieux à ces sortes de terres. Tout ce qui tend à les diviser et à les rendre plus légères sera toujours employé avec succès.

Si vous avez des terres où l'argile domine, et que vous puissiez vous procurer du sable, ne craignez pas d'en répandre sur vos champs avant le labour. Les sables mélangés à la terre argileuse n'agissent pas comme engrais; mais, en la

rendant plus légère et plus perméable, ils facilitent l'action des engrais. Les sables de mer
surtout seraient extrêmement avantageux , parce
qu'à la propriété de diviser la terre ils joignent
celle de l'exciter, au moyen des parties salées,
et des débris de coquilles qu'ils contiennent.

Les terres *calcaires* sont celles dont la composition a pour base le *carbonate* de chaux. On
les nomme aussi *terres crayeuses* ou *marneuses ,* lorsque la *craie* ou la *marne* en forme
les principales parties. Quoiqu'il y ait de grandes différences entre les terres crayeuses, marneuses et calcaires proprement dites , on comprend assez généralement ces trois espèces sous
la dernière dénomination , parce qu'elles ont
entre elles beaucoup de rapports, au moins ap-
parents.

On reconnaît la terre calcaire à sa couleur
blanchâtre. Cette couleur est plus ou moins in-
tense ou vive, selon que la terre contient en
plus ou en moins grande quantité les diverses
substances dont je viens de parler.

Les terres calcaires sont pâteuses à l'humidité, se gercent et deviennent comme de la cendre à la sécheresse. L'eau entre facilement dans
ces sortes de terres, et s'évapore de même, parce
qu'elles sont très-pénétrables à l'air.

Puisque je vous ai dit qu'il existe des différences entre les terres calcaires proprement

dites, crayeuses et marneuses, je dois vous les indiquer.

Les parties calcaires rendent la terre plus légère et plus desséchante; en trop grande quantité, elles rendent le sol brûlant et aride.

La craie, sorte de terre blanchâtre, savonneuse et douce au toucher, a de l'argile la propriété de retenir l'eau, tant qu'elle n'est pas exposée aux rayons du soleil ; mais, à la surface du sol, elle a les mêmes défauts que les parties calcaires, et semble se fondre à la pluie. On la confond souvent encore avec la marne, mais elle n'en a pas les qualités.

Les terres marneuses sont, en général, plus fertiles que celles qui contiennent des parties calcaires ou crayeuses. Il y a des espèces de marnes qui, mêlées aux terres argileuses et calcaires, sont un excellent engrais. Il existe encore une autre espèce de terre, que l'on ne peut pas, à proprement parler, classer parmi les terres calcaires, quoiqu'elle en ait tous les défauts ; c'est celle que l'on nomme vulgairement *terre valaine :* cette espèce paraît appartenir préférablement à la classe des terres siliceuses, parce qu'elle est formée par une silice extrêmement divisée : elle est aussi très-légère et sans consistance. On pourrait l'appeler *terre à fougères*, parce que cette plante y croît de préférence à toutes les autres. Elle convient particulièrement aux plantations de châtaigniers, plutôt qu'à la culture des céréales. Je vous en parle ici, parce que les amendements qui sont propres à l'amélioration des terres calcaires, le sont également pour cette dernière espèce.

Disons donc que tout ce qui tend à donner à la terre de la consistance et à diminuer la couleur blanche qui caractérise la classe des terres calcaires, ne peut que leur être avantageux.

Jérôme s'aperçut que quelque chose semblait embarrasser ses auditeurs. Il entendit les mots : *Demande donc pourquoi*, prononcés, quoiqu'à voix basse, par François.

Je vois, reprit-il aussitôt, ce qui vous intrigue; c'est de savoir pourquoi ce qui peut diminuer la couleur blanche est utile aux terres calcaires. Il faut que vous sachiez que la blancheur a pour effet de repousser les rayons du soleil, tandis que le noir au contraire les attire et les absorbe. Plus la terre reçoit de rayons du soleil qui la pénètrent, plus elle s'échauffe ; plus, au contraire, elle les renvoie, plus elle est froide. Il suit de là que la végétation est beaucoup moins active dans les terres blanchâtres que dans celles dont la couleur est plus foncée, lorsque par ailleurs les conditions de la végétation sont les mêmes. Voilà pourquoi je vous disais que tout ce qui tend à diminuer la blancheur des terres calcaires leur est avantageux, parce que le sol absorbe alors une plus grande quantité de rayons du soleil, qui l'échauffent et le vivifient.

On donne le nom de terre *siliceuse* ou *sableuse* à celle dont le sable, les petits cailloux, ou *fragments de quartz* forment la partie dominante et principale. Il faut comprendre encore dans cette classe, les sols à base de granit comme on en trouve beaucoup dans la Bretagne.

Cette terre, que l'air et l'eau pénètrent facilement, serait improductive, si elle n'était mélangée avec de l'argile, parce qu'elle n'a par elle-même aucune consistance. Unie à la terre argileuse et à la terre calcaire, cet assemblage forme le sol le plus propre à l'agriculture ; il est peu d'engrais qui ne conviennent et peu de cultures qui ne s'approprient à ce composé. Mais il est bien rare de le rencontrer dans la nature en proportions égales. Le cultivateur judicieux doit s'efforcer d'apporter aux trois espèces de terres dont je viens de vous parler, les corrections nécessaires. Ainsi, vous améliorerez vos terres argileuses par la terre calcaire, qui les rend plus légères, et par la terre siliceuse, qui les divise et les rend plus pénétrables à l'eau ; vous amenderez vos terres calcaires, trop légères de leur nature, par la terre argileuse, plus compacte et plus forte ; enfin, vous rendrez vos terres siliceuses fertiles par l'adjonction des deux autres.

Tout ce que je vous ai dit de la division ou de la classification des terres ne se rapporte qu'à cette partie qui se trouve à la surface, dans laquelle les semences germent et fructifient, celle enfin que l'on soumet au labourage, et que l'on nomme proprement dit le *sol* ou *terre végétale.*

Il est une autre partie qui, par sa nature, exerce une grande influence sur la végétation, et que l'on nomme *sous-sol*, dont je dois aussi vous entretenir.

Il arrive fort souvent qne le *sous-sol* est d'une espèce toute différente du sol. Quelquefois celui-ci est argileux, et l'autre sablonneux ou calcaire; mais ce dernier cas est plus rare. On rencontre plus fréquemment le sable sous l'argile. On a même remarqué qu'ordinairement, sous une couche d'argile plus ou moins épaisse, se trouve une couche de sable.

Il résulte de cette remarque que le sous-sol est de nature différente du sol, qu'en faisant des labours profonds on obtient le résultat dont je vous parlais tout-à-l'heure, c'est-à-dire le mélange avantageux de la terre calcaire ou siliceuse à la terre argileuse.

Lorsque je vous parlerai de la profondeur des labours, je vous expliquerai les avantages que vous devez trouver en amenant à la surface de la terre une portion du sous-sol, qui, par son exposition à l'air, se convertit en sol, ou terre végétale.

Mais, quelque bonne que soit votre terre, il est une chose certaine et que vous comprenez tous, c'est qu'elle ne vous dédommagera amplement de vos peines qu'au moyen des engrais, surtout lorsque vous les appliquerez d'une manière convenable.

Il est cependant quelques terrains privilégiés qui donnent d'abondantes récoltes, sans que le cultivateur soit obligé d'avoir recours aux amendements, au moins pendant un certain nombre d'années. Ce sont, par exemple, les terres que la mer a couvertes autrefois, et dans lesquelles elle a laissé de nombreux éléments de fertilité, qui se conservent long-temps après que ces terres sont rendues à la culture ; mais, au bout d'un laps de temps plus ou moins long, il faut revenir à l'emploi des engrais.

Je ne veux pas, mes chers amis, anticiper sur les détails que je me propose de vous donner dans la prochaine veillée, en vous parlant des engrais. Cette matière est de la plus haute importance, et je vous engage à lui accorder toute votre attention ; mais, auparavant, je vais vous donner quelques explications sur la nature des *landes* et les moyens de les utiliser.

La première chose que l'on doit faire avant d'entreprendre un défrichement est de bien reconnaître la nature du terrain. Toutes les landes ne sont pas propres au même genre de culture, les unes, en raison du peu d'épaisseur de la couche de terre végétale, les autres en raison de la composition même de cette couche, qu'on nomme proprement *le sol*. Ici, converties en *guérets* elles se couvriront de riches moissons ; là, on ne saurait les transformer plus utilement qu'en prairies ; ailleurs elles ne donneront des produits avantageux que changées en bois. Il est bien difficile, comme vous le voyez, de donner en théorie des règles certaines pour les défrichements, qui doivent faire la matière d'une étude sérieuse, approfondie, sans laquelle on peut souvent compromettre sa fortune. Il y a cependant des préceptes généraux qui peuvent servir de guides dans cette vaste et importante entreprise.

Pour les expliquer brièvement et tâcher de me faire bien comprendre, je diviserai en trois classes le sol des landes, abstraction faite de la terre qu'on nomme *terre de bruyère*, qui n'est que le résultat de la décomposition de la plante qui porte ce nom.

Terrains propres à la culture.

Lorsque le sol est *argilo-siliceux* ou *argilo-calcaire*, que d'ailleurs il a de la profondeur, il ne faut pas craindre de le destiner à la culture

des céréales et des plantes fourragères. On reconnaît qu'il est argilo-siliceux, lorsqu'il est
composé de terre forte mélangée d'une quantité
plus ou moins considérable de sable fin et délié.
Cette espèce de terre est la plus productive,
quand elle a reçu les préparations nécessaires ;
je ne veux pas dire qu'elle aura dès l'origine
du défrichement le même degré de fécondité auquel elle arrivera par la culture, mais seulement
qu'il faut la choisir de préférence.

La terre argilo-calcaire présente, à peu près,
les mêmes avantages ; mais elle est en général
plus desséchante, plus aride que la première.
Quelquefois on rencontre l'argile presque pure,
il ne faut pas s'en effrayer : on corrige aisément
ce défaut par de fréquents labours et par les
amendements sablonneux ou calcaires. Il n'est
pas indifférent de connaître les engrais qu'il convient d'employer dans les terrains de cette nature ; ils varient selon que l'argile, le sable ou
le calcaire domine. En vous parlant des engrais,
j'entrerai à cet égard dans quelques détails.

Lors d'un défrichement, si le sol a peu de profondeur, il faut bien se garder d'avoir recours
à l'*écobuage*. Cette pratique vicieuse porte au
cultivateur un préjudice incalculable. L'écobuage fait produire immédiatement une et rarement deux bonnes récoltes, mais il a usé les
principes de la végétation pour les ensemence-

ments suivants, et par là se trouvent détruits l'espoir et le fruit des travaux. Mieux vaut couper la bruyère sur le sol, la brûler et en répandre la cendre après un premier labour. Cette opération a les avantages de l'écobuage sans en avoir les inconvénients.

Terrains propres aux prairies.

Ce que je viens de dire de la nature du sol propre à la culture se rapporte également à celui destiné aux prairies. La différence est dans la position et dans l'aspect du terrain.

Les vallées profondes et sujettes à être inondées, les terres marécageuses, celles que l'on peut arroser aisément, conviennent spécialement pour faire des prairies. Il ne faut pas croire qu'il suffit de dresser un terrain, et d'y semer de la graine de foin pour faire une bonne prairie. Le sol demande plus de soins peut-être, que les terres labourables ; mais, une fois bien préparé, les travaux d'entretien se réduisent à peu de choses.

Bientôt, je vous expliquerai quelles sont les conditions d'une bonne prairie et les soins qu'elle exige. Le choix des terrains susceptibles d'être convertis en prairies, est un point qu'il ne faut jamais négliger. Elles sont une des bases de la richesse agricole.

Terrains propres à être convertis en bois.

Les plus mauvais sols, les terrains les plus

arides, ceux enfin dont on ne saurait tirer aucun autre parti , soit par leur position, soit par leur peu d'épaisseur ou de consistance, peuvent être utilisés en les convertissant en bois. Il suffit de bien choisir l'essence qui leur convient et le mode d'aménagement. Tantôt il faut semer, tantôt planter ; ici ce sera le chêne, le bouleau ou bien le peuplier et le saule ; là, le châtaignier, le noyer ou le hêtre. Dans un autre endroit, le pin et divers arbres résineux , etc... Je vous expliquerai cela plus tard; aujourd'hui, je me bornerai à dire que le chêne aime les lieux frais et la terre forte ; le saule et le peuplier, le voisinage des eaux courantes ; le châtaignier, les terres légères et sèches, mais profondes ; le noyer, les terres calcaires ; le hêtre, les terres franches et calcaires ; les arbres résineux ou arbres verts, les sols arides, peu profonds, les rochers , les vallons exposés au nord, en un mot tous les terrains qui ne sont propres à aucune autre culture.

Vous voyez, mes amis, par ce court aperçu, quel parti avantageux on peut retirer des landes, comparativement à ce qu'elles rendent aujourd'hui. Étudiez donc avec soin la nature de votre terrain , et sachez le mettre à profit.

Jérôme alors leva la séance, et ses auditeurs se séparèrent; mais, à l'instant où François allait sortir, il l'appela : croyez-vous donc, mon ami, que votre état m'est échappé, lui dit-il ? Si je pensais que cela vous arrivât de nouveau, je vous interdirais ma maison pour toujours. L'homme intempérant se dégrade et s'avilit anx yeux de ses semblables comme il se déshonore aux yeux de Dieu, en souillant ainsi son image.

Jérôme accompagna ces mots d'un regard sévère, et François, après avoir balbutié quelques excuses, prit congé de lui, tout honteux de s'être oublié de la sorte.

QUATRIÈME VEILLÉE.

Des Engrais. — *Division des engrais.* — Nourrissants, - excitants ou stimulants, - mixtes. — *Engrais propres aux terres argileuses.* — Sables de mer, - tangue, - chaux, plâtras et démolitions de vieux murs, - os broyés, - suie, - écailles d'huîtres et coquillages, - plâtre.

L'heure de la réunion n'était pas encore sonnée, déjà les amis de Jérôme remplissaient l'appartement où ils avaient coutume de l'entendre avec tant de plaisir. En traversant les champs de leur maître, ils avaient remarqué que depuis la dernière entrevue il avait fait exécuter de nombreux travaux. Ici on voyait des monceaux de sable destiné à l'amélioration d'un vaste

champ d'une terre forte et compacte ; là il avait
fait amasser de la suie et du noir animal : c'était
une terre blanchâtre et mouillée. Le fumier de
ses écuries, séparé de celui de ses étables, avait
été conduit dans des champs de qualité différente.
Des tombereaux remplis, les uns de plâtre, les
autres de cendres, étaient placés près des prairies artificielles ; mais deux choses attirèrent les
regards : la première était un champ de trèfle
d'une grande beauté, que des ouvriers retour-
naient avec la charrue. On fut tenté de murmurer contre cette prodigalité. A quoi bon, disait
Baptiste à Jean-Marie ? Jérôme est-il devenu
fou ?... Détruire ainsi une coupe abondante, qui
aurait fourni une si bonne nourriture à dix vaches au moins pendant un mois ! Je me garderai
bien de l'imiter en cela, et s'il n'a que de semblables exemples à nous donner, grand bien lui
fasse, mais il ne me prendra jamais envie de les
suivre. — Je ne conçois pas trop cette conduite, reprit Jean-Marie ; mais il faut que Jérôme ait des motifs pour en agir ainsi ; car tu
connais toute sa prudence et son économie, ne
le condamnons pas sans l'entendre.

La seconde chose qui avait excité la surprise,
fut de voir un tonneau placé tout nouvellement
en terre près de l'étable comme une citerne,
pour en recevoir les égouts. Auprès était une
barrique montée sur une charrette, et semblable

à celle dont on se sert à la ville pour arroser les rues. Un homme puisait dans le tonneau et remplissait la barrique.

Que fais-tu donc là, lui demanda Pierre? — C'est de l'engrais que je vais aller répandre sur la plus mauvaise prairie de Jérôme, dit le garçon de la ferme. — Ah! si elle ne vaut rien maintenant, je veux bien faire le pari qu'il y récoltera encore moins de foin l'été prochain. Est-ce à moi, qui suis un vieux laboureur, que tu feras accroire que l'urine ne brûle pas au lieu d'engraisser? Le garçon, sans lui répondre, continua sa besogne, et Pierre poursuivit sa route en branlant la tête. Il entra chez Jérôme, qui, assis à sa place ordinaire, commença lorsque tout le monde eut fait silence :

J'ai réclamé toute votre attention pour l'objet important qui doit nous occuper pendant cette veillée, mes chers amis, et j'ai entendu avec peine quelques-uns d'entre vous traiter de caprice, de folie même, une opération que faisaient par mon ordre mes ouvriers. Attendez mes explications, attendez surtout les résultats avant de juger si légèrement un procédé que je maintiens être l'un des plus utiles et des plus économiques en agriculture. Comme il faut que tout se fasse avec ordre, je vous en développerai les avantages après vous avoir indiqué les diverses classes d'engrais, et lorsque son tour viendra.

Les engrais sont à la terre ce que la nourriture est à l'homme; ils doivent être appropriés à la nature et à la qualité du sol, comme à l'espèce des ensemencements. Tel engrais sera insuffisant dans un terrain pour telle production, et trop actif ou trop fort dans un autre. Dans le premier cas, la végétation est faible et languissante; dans l'autre, les tiges trop grasses, trop nourries s'affaissent et versent, pour me servir de l'expression reçue en agriculture. L'air ne pouvant plus circuler alors librement au milieu d'elles, elles s'échauffent et pourrissent.

Voulez-vous éviter ces deux excès, étudiez d'abord avec une attention particulière la nature du sol que vous voulez ensemencer, pour lui fournir la quantité d'engrais qui lui est nécessaire et la qualité qui lui est propre; examinez ensuite quelle espèce de semence doit le mieux réussir dans tel terrain et avec tel engrais.

Jeter à tout hasard et par routine les semences et les engrais dans la terre, sans faire auparavant cet examen, c'est imiter l'aveugle qui prend indifféremment tous les chemins, heureux s'il rencontre le bon.

On entend par *engrais* tout ce qui peut procurer aux plantes les sucs nécessaires à leur développement.

Les uns contiennent ces sucs et les communiquent à la terre, dans laquelle les racines viennent les puiser; les autres ne font que faciliter le développement de ceux que la terre contient elle-même, en rendant plus prompte et plus complète la dissolution ou la décomposition des parties animales ou végétales qui y sont renfermées.

Peut-être, mes amis, ne comprenez-vous pas bien cette distinction. Pour la rendre plus sensible, je donnerai aux premiers le nom d'*engrais nourrissants,* et aux seconds celui d'*engrais excitants* ou *stimulants.* Il en est qui sont à la fois nourrissants et excitants; je les nommerai *engrais mixtes,* c'est-à-dire réunissant les deux qualités.

On divise encore les engrais en *engrais minéraux, engrais végétaux, engrais animaux, engrais végéto-animaux.* Vous comprendrez ce que l'on entend par chacune de ces dénominations, lorsque je vous indiquerai les engrais qui s'y rapportent; mais, pour vous rendre plus facile l'application des engrais aux différentes classes de terre dont je vous ai parlé dans la dernière veillée, je suivrai l'ordre de ces classes, sans avoir égard à l'espèce, soit minérale, soit végétale ou animale des engrais. Nous commencerons donc par ceux qui conviennent particulièrement aux terres argileuses.

Vous n'avez pas oublié sans doute que je vous

ai dit de ces terres, qu'il fallait rechercher de préférence ce qui tendait à les diviser. Je vous ai parlé des *sables* comme amendements, et des *sables de mer* comme engrais. C'est à ceux-ci que je dois alors donner la première place.

Sable de mer.

Le sable de mer ne peut être employé que par ceux qui se trouvent à peu de distance des côtes. La quantité ne saurait être déterminée. Il faut le répandre sur la terre avant le labour, afin qu'il puisse se mêler exactement avec elle.

Ne confondez pas avec le sable de mer proprement dit, un autre engrais que l'on nomme la tangue.

Tangue.

La tangue est un sable extrêmement fin, ou plutôt une vase de la mer, qui contient une grande quantité de sels marins, de débris de coquilles et de plantes qui croissent sur les rivages et les rochers. C'est un engrais *stimulant* fort actif; on ne peut l'employer qu'après avoir été mis en monceaux exposés à l'air et à l'abri de la pluie pendant plusieurs mois. On a coutume de mélanger la tangue avec une quantité double de terreau ou de fumier. Ce mélange s'opère lorsque la tangue est nouvelle, vers le mois de mai ou juin, et pendant une partie de l'été, pour servir lors de l'ensemencement du blé ou du trèfle à l'automne ou au printemps suivant, dans la proportion de 60 à 70 hectolitres (6 à 7 mètres cubes) par hectare en l'employant comme *engrais*, et huit fois autant considéré comme *amendement* (1). On a remarqué que le trèfle fumé avec la tangue est plus précoce et plus beau qu'avec le fumier pur.

Chaux.

Vous connaissez déjà les propriétés de la chaux. C'est encore un engrais stimulant, qui, dans les terres argileuses et froides, réussit à merveille. La chaux active la fermentation, et, plus que tout autre engrais, facilite la décomposition des parties animales et végétales qui se trouvent dans la terre. On peut l'employer pure, dans la proportion de 18 à 20 hectolitres (environ 10 barriques) par hectare; mais il est plus à propos de la mêler à d'autres substances auparavant, telles qu'à des vases d'étangs, mares ou rivières.

Le mélange le plus avantageux se fait dans la proportion de 4 barriques de terreau, ou de vase, et d'une barrique de chaux.

Un procédé fort utile, et dont je ne saurais

---

(1) Les amendements tendent à changer la nature du sol que les engrais ne font qu'améliorer.

trop vous recommander l'usage, est de lever les *chintres* ou *fourrières* des champs par l'écobuage, d'en former des sillons élevés d'environ deux pieds en y mêlant de la chaux vive. Au bout de quelques jours, on rompt le sillon en brassant et en ameublissant le mélange, opération qui se fait à plusieurs reprises différentes. Lorsque le moment est venu de se servir de cette préparation, soit pour les ensemencements de printemps, soit pour répandre sur les prairies naturelles ou artificielles, on l'étend par couches minces, et bientôt on en voit les résultats étonnants.

Je ne dois pas omettre de vous dire qu'une condition nécessaire à l'efficacité de la chaux est que la terre ne contienne pas une trop grande humidité. Son effet est presque nul dans les terres mouillées que l'on n'a pas eu préalablement la précaution de dessécher.

La chaux est de toutes les substances, l'une de celles qui contribuent le plus puissamment au développement de la végétation. On la rencontre dans l'analyse chimique de presque tous les végétaux.

On obtient en fort peu de jours un excellent terreau par le procédé suivant : après avoir fait une couche d'herbages verts d'environ un pied de hauteur, vous mettrez deux pouces de chaux vive, sur laquelle vous placerez une seconde couche d'herbes. Vous alternerez ainsi vos couches de chaux et d'herbes, jusqu'à la hauteur de quatre à cinq pieds. Les plantes les plus mauvaises, celles qui proviennent des sarclages faits dans vos champs de grains, conviennent pour former cet engrais, c'est même un très-bon moyen de les utiliser; mais remarquez bien que votre terreau sera d'autant meilleur que la chaux sera plus nouvelle et les herbes plus fraîches.

On obtient encore les plus beaux résultats de l'emploi de la chaux éteinte avec des eaux de lessive, puis réduite en poudre, pour être semée sur les grains en faisant les ensemencements, ou sur les prairies et les trèfles, dans les proportions que je viens de vous indiquer. (1)

En vous parlant des propriétés de la chaux, je dois vous en indiquer une qui pourra vous être utile, quoique ce soit étranger à ses qualités comme engrais :

Il arrive fréquemment que les papillons déposent sur les arbres une immense quantité d'œufs, qui, venant à éclore, donnent naissance à des milliers de chenilles, dont les feuilles deviennent la proie. Les arbres, privés ainsi de leur parure, plus utile encore que belle, lan-

---

(1) On obtient encore un très-bon engrais du mélange de la chaux et des urines. On lui donne le nom d'*urate* de chaux. C'est un des plus énergiques que l'on connaisse,

guissent et meurent : pulvérisez de la chaux, et jetez cette poussière sur le feuillage ; les chenilles disparaîtront, et vos arbres reprendront une nouvelle vigueur.

La chaux est encore la base du préservatif le plus assuré contre *la carie* des blés, dont je vous parlerai dans une autre veillée.

Enfin, mes chers amis, la chaux peut entrer dans la combinaison de tous les engrais que je nomme *nourrissants*, parce qu'elle en favorise l'action ; et, sous ce rapport, elle convient à presque tous les sols.

Cependant l'emploi de la chaux, comme engrais, n'est pas toujours sans inconvénients, et il pourrait être dangereux pour les récoltes de s'en servir constamment dans les champs livrés à une culture habituelle. Elle est, je dirais presque, indispensable dans les défrichements des landes et des bruyères. Les bruyères, les ajoncs, les joncs laissent dans le sol par leur décomposition une acidité qu'il importe de neutraliser. La chaux possède au plus haut degré la propriété de détruire l'effet de cette acidité ; aussi ne doit-on pas craindre de l'employer abondamment dans cette circonstance.

Dans quelques pays on mélange la chaux avec les fumiers d'écurie ; je crois beaucoup plus avantageux de faire succéder la chaux aux fumiers, après quelques mois d'intervalle, et d'alterner dans leur emploi.

Sablon calcaire ou *castine.*

Depuis quelques années, un cultivateur qui a rendu les plus grands services à l'agriculture, et dont j'aurai peut-être occasion de vous parler plus tard, emploie avec le plus grand succès le *sablon calcaire* pour l'amendement de ses terres argileuses, sur lesquelles il produit le même effet que la chaux elle-même, mais dont il faut user beaucoup plus largement. La proportion est d'environ 500 hectolitres (50 mètres cubes) par hectare. Je tiens ces détails de ce savant agronome lui-même qui a bien voulu me les communiquer pour que je vous les transmette, en vous engageant à faire usage de cette substance toutes les fois que vous pourrez être à portée de vous la procurer.

Plâtras et *terre de démolition.*

Les plâtras et la terre de démolition des vieux murs sont encore un engrais précieux dans les terres argileuses. J'entends par plâtras les débris des revêtissements intérieurs des murailles et des plafonds, soit en plâtre, soit en chaux. Ils agissent comme *nourrissants* et comme *stimulants.* Nous pouvons les classer parmi les engrais mixtes, ainsi que les terres de démolition.

Cet engrais s'emploie sans indication de quantité. Quelque considérable qu'elle soit, elle ne peut jamais nuire, quand il est bien mêlé à la terre par un bon labour.

Os broyés.

Les os broyés sont encore un engrais fort avantageux dans les terres argileuses. Ils peuvent être aussi classés parmi les engrais mixtes, parce qu'ils contiennent des parties nutritives en même temps qu'ils contribuent à diviser la terre. Pour les employer utilement, il faut les piler grossièrement dans une auge de pierre. Les os de toute espèce peuvent être utilisés ainsi. La proportion la plus convenable serait de 36 à 40 hectolitres par hectare. En brûlant les os, leur cendre fournit un bon engrais qui convient à tous les sols. Le charbon d'os sert à la clarification du sucre, et forme la base d'un autre engrais dont je vous parlerai bientôt, et que l'on nomme *noir animal.*

Suie.

Il est encore un engrais qui convient parfaitement aux terres argileuses, parce qu'en général ce sont les plus mouillées : c'est la *suie.* Chaque année, mes amis, vous faites ramoner les cheminées de vos maisons, et vous ne tirez aucun parti de la suie ; vous la jetez dans quelque coin, la regardant comme inutile : vous avez le plus grand tort. Quelque petite que soit la quantité de suie que vous recueillez, semez-la sur les parties les plus mouillées de vos terres, elle produira un très-bon effet. Employée pure, il ne faut pas que la proportion dépasse 18 ou 20 hectolitres par hectare, parce que la suie contient beaucoup d'*ammoniaque*, substance âcre qui brûlerait, si la quantité en était trop considérable. Pour éviter cet inconvénient, vous pouvez mélanger la suie avec trois ou quatre fois autant de terre ou de fumier d'étable, le tout mis en monceaux pour ne vous en servir qu'au bout de quelque mois. Vous obtiendrez alors un excellent terreau pour les prairies où l'on voit croître beaucoup de jonc ; cet engrais le fera disparaître, surtout si vous avez la précaution de dessécher vos prairies marécageuses, comme nous le verrons plus tard.

Je vous ai dit, en parlant des terres calcaires, que la suie leur était avantageuse par sa couleur noire ; par suite de la même cause, la suie répandue sur la neige la fait fondre beaucoup plus promptement. Vous pouvez en faire l'essai l'hiver prochain.

Écailles d'huîtres et coquillages.

Ceux d'entre vous qui se trouvent à portée des villes où se consomme une grande quantité d'huîtres et de divers coquillages, ne doivent pas négliger d'en recueillir les écailles pour les employer comme engrais dans les terres argileuses. Tous les coquillages de mer contiennent des parties calcaires et salées d'un effet avantageux. Les petits coquillages peuvent être répandus sur le sol tout entier. Les coquilles d'huîtres doivent être pilées comme les os. Leurs fragments aigus et tranchants offrent encore l'avantage d'écarter les limaces, qui, dans quelques contrées, font de grands ravages.

Plâtre.

Quoique le plâtre convienne à peu près à tous les sols, je crois devoir cependant, mes amis, vous en parler dès ici, parce qu'il réussit mieux dans les terres mouillées que dans celles qui sont arides et desséchantes.

Le plâtre s'emploie ordinairement calciné ou *cuit* (cru il a moins d'action), qu'il ait ou non servi aux arts; mais il faut qu'il soit réduit en poussière. Choisissez pour le répandre sur votre terre comme de la cendre, un temps humide et pluvieux, son effet se fera sentir plus tôt. C'est surtout pour les prairies naturelles ou artificielles qu'il est avantageux, dans la proportion de 15 à 18 hectolitres par hectare.

Long-temps on a douté de la propriété du plâtre comme engrais. Je vous raconterai à ce sujet une anecdote que l'on attribue à Franklin :

Cet homme savant, voulant démontrer l'avantage de l'emploi du plâtre, traça en grandes lettres dans un de ses champs ces mots, qu'il couvrit de cet engrais :

EFFET DU PLATRE.

A quelque temps de là, il réunit un certain nombre de cultivateurs ; la végétation, plus forte et plus belle dans les endroits où le plâtre avait été répandu, fit qu'ils lurent aisément et reconnurent la preuve de son efficacité.

La soirée est trop avancée, mes bons amis, pour que je puisse vous donner le détail de tous les engrais qui conviennent aux terres argileuses. A la prochaine veillée, je vous parlerai du noir animal, et je lèverai les scrupules de Baptiste en vous expliquant l'emploi des fumures vertes. Si le temps nous le permet, je démontrerai à Pierre qu'il avait tort de murmurer contre mon garçon qui remplissait la barrique-arrosoir avec l'engrais liquide sortant de l'étable.

Baptiste fut un peu confus d'avoir été entendu par Jérôme, lorsqu'il avait traité sa conduite de folie. Ses camarades lui lancèrent quelques sarcasmes, qui lui furent moins sensibles que le reproche du bon paysan : il se promit bien d'être à l'avenir plus circonspect. Quant au vieux Pierre, il affecta un air d'incrédulité qui n'échappa pas à Jérôme. Celui-ci en sourit et souhaita le bonsoir à ses auditeurs, en les engageant à ne pas partager la prévention de leur vieil ami.

CINQUIÈME VEILLÉE.

Suite des Engrais. — Noir animal, - fumier de cheval et de mouton, - fumures vertes.

Baptiste était arrivé des premiers, comme pour témoigner de son repentir de s'être exprimé si légèrement sur le compte de Jérôme. Il paraissait embarrassé. Jérôme, en passant près de lui, lui tendit la main en signe de réconciliation. Pierre, au contraire, avait vieilli dans la routine ; il n'était pas aussi facile de le faire renoncer à ses anciens préjugés. Pierre s'était cru le premier cultivateur du canton, et voyait avec quelque peine la supériorité de Jérôme ; et, comme bien des gens, il avait critiqué sa méthode sans la connaître. Jérôme tenait à le détromper, parce qu'il savait que son grand âge lui donnait beaucoup d'influence sur l'esprit des jeunes laboureurs.

Après avoir résumé en fort peu de mots ce qu'il avait dit à la dernière veillée, il continua ainsi :

Noir animal.

Après l'opération du raffinage du sucre, opération pour laquelle on emploie le sang de bœuf et le charbon d'os, il reste une substance noire et d'une odeur désagréable, qui, desséchée, se réduit assez facilement en poussière. C'est à ce résidu que l'on a donné le nom de *noir animal*.

Le noir animal est un engrais précieux, lorsque la fraude ne l'a pas dénaturé par le mélange avec des matières sinon nuisibles, au moins à peu près inutiles pour la végétation dans les proportions où elles sont employées.

Le mélange frauduleux est quelquefois si artistement fait qu'il faut, pour le découvrir, tout le talent d'un habile chimiste. Comme il n'est pas nécessaire pour vous, mes amis, de connaître exactement de quelles substances on a fait usage pour frauder le noir, mais bien de discerner quel est celui auquel vous devez accorder votre confiance, je vais vous indiquer un moyen par lequel vous pourrez ordinairement reconnaître la *sophistication ;* après cela, si vous êtes trompés, vous ne devrez vous en prendre qu'à vous mêmes.

Nous venons de dire que *le véritable noir animal* est composé de charbon d'os, de sang de bœuf et de la partie colorante du sucre. Il faut ajouter que, dans les divers transports qu'il subit, il s'y joint toujours, mais en petite quantité, des matières étrangères aux trois premières substances; on ne suppose pas qu'il y ait *sophistication* ou fraude, quand la proportion de ces matières n'excède pas un vingtième.

Voulez-vous éprouver votre noir ? Prenez-en une petite quantité, soit par exemple 4 onces ; mettez-le dans une cuiller de fer que vous soumettez à l'action d'un feu très-vif, comme celui d'une forge. La partie sucrée et le sang se brûlent et s'en vont en fumée ; il ne reste plus que la cendre d'os si le noir est pur, et vous la reconnaissez à sa couleur d'un blanc grisâtre. Dans cet état, le noir a perdu environ un huitième de son poids s'il était sec, un quart et quelquefois deux cinquièmes s'il était humide.

Je dois vous faire observer que la cendre d'os est graveleuse et rude comme du sable.

Si le noir est fraudé avec de la poussière de tourbe, la différence de pesanteur est au moins de moitié.

Si on y a mêlé de la pierre noire volcanique en poudre, le résidu ne devient pas gris, mais brun et perd peu de sa pesanteur, excepté lorsqu'il était mouillé ; ce qu'il faut toujours éviter pour faire l'essai.

Si la fraude consiste en terre de landes, la cendre prend une couleur rouge, la terre se forme en boulettes très-dûres, une partie s'attache aux parois de la cuiller et forme une sorte de mortier.

N'achetez donc du *noir animal* que celui qui,

après avoir été ainsi brûlé, vous donnera pour résidu de la *cendre d'os*; et si vous le payez un peu plus cher, vous y trouverez encore de l'avantage par l'accroissement de fertilité qui sera la suite de son emploi.

Il existe une autre espèce de noir dont on se sert encore pour engrais, c'est le *noir animalisé*. Je suis loin, mes amis, de blâmer cet engrais dont la découverte peut rendre au pays des services de plus d'une nature; il a certainement quelque action fertilisante, et réussit même parfaitement dans quelques circonstances; mais son action n'est ni aussi puissante ni aussi durable que celle du noir de raffinerie pur, ou *noir animal*.

Dans un des départements du midi, on emploie comme engrais une substance qui n'a d'autre analogie avec le noir animal qu'une couleur grisâtre, qui le rappelle, sans lui ressembler; ce n'est autre chose qu'une espèce de terre volcanique, qui peut être employée quelquefois avec avantage dans les terrains argileux et froids. Nous n'en parlons ici que pour éviter qu'on ne confonde cette matière avec le noir animal, parce qu'on lui a donné aussi le nom d'*engrais noir*, et qu'elle est loin d'avoir les qualités de celui dont nous parlons.

On obtient des résultats très-avantageux d'un mélange de noir animal et de fumier disposé comme celui de la chaux avec les mauvaises herbes vertes dont nous avons parlé. Un hectolitre de noir suffit pour un fumier de quatre mètres carrés sur un mètre d'élévation. Ce mélange est surtout utile pour les ensemencements d'automne.

En vous disant que les divers engrais dont je vous ai parlé jusqu'à ce moment, conviennent particulièrement aux terres argileuses, je ne prétends pas qu'on ne puisse les employer que pour ces terres, mais seulement qu'ils y réussiront mieux que dans les autres.

Ainsi, le noir animal convient principalement aux terres froides, argileuses, mouillées, et doit être employé alors dans la proportion de 4 à 5 hectolitres par hectares : 3 à 4 hectolitres suffiront dans les terres légères, calcaires ou siliceuses ; un hectolitre par journée de fauche (40 cordes), semé sur les prairies, au mois de mars, ou sur les trèfles, immédiatement après la coupe, produit un excellent effet. Lorsque vous emploierez le noir animal pour vos grains, semez-le sur la semence même aussitôt déposée en terre ; mais, afin de le répandre plus également, ayez la précaution de le mêler à une quantité double de terre passée à la claie. Vous n'aurez qu'à vous applaudir d'avoir usé de ce moyen. (1)

____

(1) Nous devons à M. Hectot, pharmacien à Nantes,

Comme Jérôme finissait ces mots, on s'aperçut que François désirait lui adresser une question. Bien certainement, dit-il à Jérôme, vous nous avez fait connaître des engrais que nous ne soupçonnions pas avoir tant de propriétés ; mais pourquoi ne nous avez-vous pas encore parlé des fumiers ? Ce sont les engrais que nous employons le plus fréquemment et que nous avons le plus de facilité à nous procurer ; ils nous servent dans toutes nos terres ; est-ce que vous ne les croyez pas avantageux dans les terres qui sont argileuses ?

Un mouvement général d'assentiment accompagna cette question de François.

Jérôme se hâta de répondre : Patience, mon ami, cette question me fait plaisir, parce qu'elle me prouve que vous faites attention à ce que je vous dis. Oui, les fumiers conviennent aussi aux terres argileuses ; mais leur action dans ces sortes de terre dépend beaucoup du degré de maturité auquel ils sont parvenus.

Fumier de cheval et de mouton.

Plus les fumiers sont pailleux et nouveaux, plus ils conviennent aux terres argileuses, parce qu'ils soutiennent les terres beaucoup plus

la connaissance d'un excellent procédé pour la conservation du noir animal. Il consiste à y mêler un cinquième de chaux vive.

que les fumiers consommés : ils sont alors nourrissants et divisants. Mettez à part pour les
terres argileuses et froides les fumiers chauds :
les plus convenables dans ce cas sont les fumiers des chevaux, ceux surtout qui sortent
des écuries que l'on a l'habitude de vider souvent, et les fumiers des moutons, parce
qu'ils se rapprochent des premiers.

Le fumier de cheval est plus pailleux, plus
léger et d'une fermentation plus prompte que
celui d'étables de vaches ou de bœufs. Nous
parlerons de ce dernier dans une autre veillée,
comme étant, ainsi que celui de porc, plus
propre aux terres calcaires et siliceuses.

C'est surtout dans la culture des céréales
que vous devez employer les fumiers ; ils sont,
il faut le dire, une des sources principales de
la prospérité des cultivateurs : vous ne sau-
riez donc trop en multiplier la quantité. Rappelez-vous qu'ils sont un des meilleurs produits
de vos bestiaux, produit qui augmente ou diminue en proportion de la nourriture que vous
leur donnez, ainsi que je vous l'ai dit en parlant des jachères.

Mais, quelle que soit la quantité de fumier
que vous puissiez avoir, ne négligez pas les
autres engrais. Chacun a ses propriétés particulières, qui toutes concourent à l'amélioration
de l'agriculture et à l'augmentation de votre aisance, qui en est la conséquence.

Pour bien fumer un hectare de terre argileuse avec du fumier de cheval ou de mouton, il vous en faut environ 35,000 livres pesant, ou 26 à 28 charretées.

Maintenant, je vais vous dire pourquoi vous avez vu la charrue dans un de mes champs de trèfle, ce qui a excité à un si haut degré la mauvaise humeur de Baptiste.

Fumures vertes.

Je vous ai parlé, dans une des veillées précédentes, de l'effet produit par la couche de verdure qui s'est formée à la surface de vos terres laissées à repos ou *jachères* ; c'est précisément le même effet, mais dans un degré bien supérieur, que produit le trèfle enfoui en terre par le labour : ce que l'on nomme *fumure verte.*

L'usage d'enfouir le trèfle est déjà suivi dans une grande partie de la France, et donne les résultats les plus avantageux.

Mais cette plante n'est pas la seule que l'on puisse employer en vert comme engrais, ainsi que je vais vous l'expliquer. On pourrait, par exemple, tirer un grand avantage de la culture du sarrazin, ou blé-noir, en l'enfouissant en fleurs. Il en est de même du lupin qui croît dans les terres les plus médiocres, et que l'on cultive beaucoup dans le midi de la France.

Pour obtenir des fumures vertes tout l'avantage que l'on a droit d'en attendre, il faut saisir le moment où elles contiennent le plus de sucs alimentaires, avant qu'elles soient parvenues à parfaite maturité. Plus la végétation des plantes que vous voulez enfouir est forte et belle, plus l'effet de l'engrais sera puissant.

Les fumures vertes seront d'autant plus avantageuses au cultivateur, qu'elles réuniront à un plus haut degré les conditions suivantes :

1.º Que les plantes à enfouir seront du nombre de celles qui n'épuisent pas la terre, mais qui lui rendent presqu'autant qu'elles lui prennent. Ainsi la plupart des céréales ne conviendront pas autant, sous ce rapport, que les légumineuses, les trèfles, les sainfoins, etc.

2.º Que leur croissance sera rapide. Les plantes dont l'accroissement est lent, sont en général moins grasses et d'une décomposition plus difficile. Toutes les plantes dures et ligneuses ne sauraient donc convenir. J'en excepterai cependant les genêts et quelques ajoncs, qui, dans les terres argileuses, peuvent produire un bon effet.

3.º Qu'elles seront abondantes. Quelques brins épars ne donneront aucun résultat; plus ils seront nombreux, plus il y aura de fermentation, et par conséquent d'action.

Par rapport à cette troisième condition, remarquez, mes chers amis, que, dans une terre usée et qui a besoin de beaucoup d'amende- ments, les fumures vertes réussiront moins que dans une terre précédemment amendée et en- graissée, parce que, dans celle-ci, la végétation est plus active et plus belle que dans les autres.

4.º Enfin, la quatrième condition est que le prix de la graine des plantes destinées aux fu- mures vertes sera le moins élevé possible. Vous en comprenez bien la raison : c'est en agricul- ture surtout qu'il faut savoir régler ses dé- penses avec économie. L'emploi des fumures vertes ayant pour but de fournir au cultivateur le moyen d'épargner ses autres engrais, qui devront être appliqués plus utilement ailleurs en même temps qu'il améliorera ses terres : ce but ne serait atteint qu'à moitié, si le prix des graines équivalait à celui des engrais que vous pourriez acheter ; mais, dans ce dernier cas même, ne négligez pas les fumures vertes, parce que l'avantage que vous en retirerez, sera tou- jours beaucoup au-dessus des dépenses qu'elles vous occasionneront.

Dans toutes les terres où le trèfle réussit bien, employez-le de préférence aux autres plantes pour vos fumures vertes ; et, à cette oc- casion, je vous donnerai un conseil : au lieu de conserver votre trèfle pour le couper pendant trois années , retournez-le à l'automne de la seconde année , immédiatement avant l'ensemencement du froment que vous devez semer sur ce labour même. C'est à cette époque que votre trèfle est le plus fourni , et cependant il vous a indemnisés assez largement de vos frais de culture par trois coupes et quelquefois quatre que vous avez obtenues.

Eh bien, Baptiste , dit alors Jérôme en se tournant vers lui, êtes-vous encore décidé à qualifier ma conduite de folie ? C'est surtout lors de la prochaine récolte que j'espère vous convaincre des bons effets des fumures vertes ; n'oubliez pas de venir juger par vous-même de leur efficacité.

Je regrette que l'heure trop avancée m'empêche de démontrer à mon vieil ami Pierre qu'il était aussi mal fondé dans ses reproches que Baptiste ; mais ce sera pour la prochaine réunion.

SIXIÈME VEILLÉE.

S*uite* des E*ngrais.*—*Engrais propres aux terres calcaires et siliceuses.* — Vase ou limon, - fumier d'étables de vaches et de bœufs, - fumier de porcs. — *Engrais applicables à tous les sols.* — Purin, cendres et charrées, - margauue ou poudrette, - urate, tan, - fiente de poules ou pigeons, ou colombine, - sang des animaux, - cadavres des animaux, - rognures de cornes ou sabots de chevaux, - chiffons de laine, - boues des rues, - paille, litière et feuilles sèches, mises en contact avec les pieds des hommes et des animaux, - eaux de rouissage et eaux savonneuses.

A peine les auditeurs de Jérôme furent-ils rassemblés, qu'il ouvrit la séance :

Déjà nous avons consacré deux veillées à l'explication de quelques engrais, et je crains, mes chers amis, de ne pouvoir terminer encore aujourd'hui cette importante matière. La base fondamentale de toute la science du labourage, est la connaissance et surtout la judicieuse application des engrais. Je vous ai parlé de ceux qui conviennent particulièrement aux terres argileuses ; d'autres doivent être employés spécialement dans les terres calcaires et siliceuses. Il en est enfin qui, dans tous les sols, produisent de merveilleux effets. Pour suivre l'ordre dans lequel nous avons commencé, je dois vous parler d'abord des engrais propres aux terres calcaires et siliceuses. Presque tous ceux que l'on peut employer utilement pour l'une de ces deux classes, conviennent également à l'autre, parce qu'elles ont entre elles des rapports qui n'existent pas avec les terres argileuses. Vous vous souvenez qu'en vous parlant des terres calcaires et siliceuses, je vous ai dit que, trop légères de leur nature, elles avaient besoin qu'on leur donnât de la consistance, tandis que les terres argileuses avaient au contraire besoin d'être divisées. Cherchons donc parmi les engrais quels sont ceux qui peuvent donner aux terres calcaires et siliceuses ce lien, cette consistance qui leur est nécessaire.

Vase ou *limon*.

La vase des étangs, mares ou rivières, possède à un haut degré cette qualité, parce qu'elle est par elle-même très-compacte. Cette vase, que l'on nomme aussi *terreau* ou *terrier*, réussira d'autant mieux dans les terres siliceuses surtout, que vous l'aurez mélangée avec une certaine quantité de chaux vive.

Nous avons dit, en parlant de la chaux, que la proportion qui paraît être la plus convenable, est un cinquième de chaux mêlé à quatre cinquièmes de vase ou de terreau.

La vase ne peut être employée aussitôt extraite des étangs, mares ou rivières; il est nécessaire de la mettre en monceaux, en forme de sillons élevés, pendant quatre à cinq mois, en ayant soin de casser plusieurs fois les mottes avec la houe. Sans cette précaution, elle devient extrêmement dure et perd beaucoup de ses qualités. Il ne faut pas attendre plus d'une année avant de s'en servir. C'est un engrais *nourrissant*.

La vase des eaux mortes et stagnantes est préférable à celle des eaux courantes, surtout dans les pays où l'on cultive en grand le chanvre et le lin, à cause de la grande quantité de parties végétales qui se détachent par le rouissage et tombent au fond de l'eau. C'est un des meilleurs engrais que l'on puisse employer pour les prairies.

Fumier d'étable de vaches.

Je vous ai déjà parlé de la différence qui existe entre les divers fumiers. Si les fumiers pailleux et nouveaux conviennent mieux aux terres argileuses, les fumiers gras et bien consommés sont plus propres à fertiliser les terres calcaires et siliceuses. De ce nombre sont les fumiers d'étable de vaches et de bœufs, ainsi que ceux de porcs. Ils sont plus froids, plus pesants, plus mucilagineux que ceux des écuries et ont par cela même la propriété de conserver davantage l'humidité et de donner à la terre plus de consistance.

Il résulte de cette différence entre les fumiers que, dans une exploitation bien conduite, on ne doit pas les mélanger tous ensemble, comme cela se fait habituellement. Chaque espèce doit être mise à part pour être appliquée à la terre à laquelle elle convient le mieux ; mais cela ne peut avoir lieu cependant que dans les grandes fermes où l'on nourrit beaucoup de chevaux et de vaches. Dans celles d'une petite étendue où l'on a peu de bestiaux, il suffit de faire la distinction entre les fumiers consommés et mûrs que vous mettrez dans les terres légères, et les fumiers nouveaux, que vous emploierez dans les terres fortes et mouillées.

Ne perdez jamais de vue dans la distribution de vos engrais, mes chers amis, que tous ceux qui tendent par leur nature à diviser la terre, à la soulever, à la rendre plus légère, doivent servir aux terres argileuses, fortes et compactes ; tandis que ceux qui peuvent contribuer à conserver l'humidité et à lier la terre, si je peux parler ainsi, doivent être réservés pour les terres calcaires et siliceuses, que l'on nomme ordinairement *terres légères*.

Après vous avoir expliqué quels engrais conviennent spécialement aux diverses classes de terres, il en est d'autres qui conviennent indifféremment à tous les sols, et dont nous allons nous occuper. Comme je vois votre impatience de connaître la réponse aux observations de Pierre, que je vous ai promise pour aujourd'hui, c'est par là que je vais commencer.

Purin.

Vous savez tous combien les prairies qui, par la pente naturelle du terrain, reçoivent l'égoût de la ferme, sont meilleures que celles qui sont privées de cet avantage. Cette remarque m'a conduit à faire le raisonnement suivant: La végétation est plus belle, et les produits sont plus abondants dans ces prairies, parce qu'elles sont engraissées par le liquide qui s'échappe des fumiers et qui leur arrive conduit par les eaux ; mais avant que les prairies reçoivent cet engrais, quelle quantité n'est pas perdue! Tout le sol intermédiaire entre mes cours et ma prairie en retient sa bonne part, dont je ne profite pas. J'ai cherché alors le moyen de recueillir ce précieux engrais pour le conduire ensuite dans les lieux où il serait le plus nécessaire, par exemple sur les parties les plus élevées de mes prairies, où il ne venait que de la mousse ; bientôt ces endroits sont devenus les meilleurs. J'appris que, dans la Suisse, on recueillait avec soin le *Purin*, c'est le nom que l'on donne à cet engrais, et les divers essais que j'en ai faits m'ont convaincu de son efficacité.

Avouons-le, mes amis ; lorsque nous nous plaignons du défaut d'engrais, nous le devons souvent plus à notre négligence qu'à l'ignorance où nous sommes.

Rien de plus avantageux et cependant de moins dispendieux que de recueillir le purin. Il n'est pas un cultivateur, quelque pauvre qu'il soit, qui ne puisse en profiter sans qu'il lui en coûte rien. Il suffit de creuser en terre dans la partie la plus basse , près de l'étable , une fosse plus ou moins profonde dans laquelle s'écoule la partie liquide du fumier , qu'au bout de trois ou quatre jours on peut transporter , après l'avoir mélangée avec une quantité égale d'eau au printemps ou pendant l'été , et pure dans l'hiver.

Si vous avez beaucoup de bestiaux , votre fosse devra être plus grande ; douze vaches doivent rendre environ une barrique de purin en deux jours, ce qui ferait une barrique d'engrais par jour à porter dans vos champs ou vos prairies , puisque , comme je viens de vous le dire , on y mêle la moitié d'eau. Au lieu d'une fosse , vous ferez beaucoup mieux encore de placer en terre un tonneau défoncé dans la partie supérieure qui affleurera avec le sol. Un conduit pratiqué dans votre étable recevra le purin et le dirigera dans le tonneau , ou réservoir. Lorsque vous aurez ajouté la quantité d'eau nécessaire , vous vous servirez, pour le transporter, d'une barrique à laquelle sera placé un robinet ou simplement un tuyau en bois, correspondant à un autre tuyau faisant avec le premier la forme d'un T. Le dernier sera percé de plusieurs trous dans toute sa longueur, pour répandre le purin sur une plus grande surface.

Cet engrais ne brûlera pas, comme le craignait Pierre , parce que vous l'aurez mélangé comme je vous l'ai dit, et qu'entrant très-promptement en état de fermentation , cette fermentation ne dure que fort peu de temps et fait perdre au purin sa propriété corrosive.

Le conduit que vous aurez fait dans votre étable , recouvert avec de mauvaises planches, aura en outre l'avantage de la rendre plus saine , et le fumier ne perdra rien de ses qualités , puisqu'il faut toujours que le liquide s'écoule. Quoique bien convaincu que l'emploi du purin par arrosement soit le plus avantageux , vous pouvez en tirer parti d'une autre manière encore. Ce procédé consiste à mettre quelques charretées de terre dans votre étable et à la retirer chaque fois que vous enlevez le fumier, si vous n'avez pas l'habitude de nettoyer votre étable chaque jour, comme le pratiquent peut-être à tort quelques cultivateurs. Cette terre, imprégnée de purin, fait un excellent terreau qui accroît de beaucoup la masse de vos engrais.

Ne négligez donc pas, mes amis, ce moyen d'augmenter la fertilité de vos terres, l'effet du purin se fait long-temps sentir ; la terre qui en a été arrosée s'améliore considérablement, ainsi que vous pourrez en juger vous-mêmes. Douze vaches fournissent assez de purin pour fumer suffisamment chaque année un hectare (environ deux journaux) de prairies naturelles ou artificielles. Je ne saurais trop vous engager à en faire usage, comme je viens de vous l'indiquer. Cet avis, mes chers amis, est peut-être un des plus utiles que je puisse vous donner, et dont vous me saurez le plus de gré, quand vous en aurez fait l'expérience.

Pierre avait écouté Jérôme avec la plus grande attention. Ah ! voisin, s'écria-t-il, j'avoue que l'idée d'utiliser ainsi le liquide de mes étables ne m'était pas venue, tout vieux que je suis, et pour vous prouver combien j'approuve aujourd'hui ce que je blâmais l'autre jour, dès demain matin votre exemple sera imité chez moi. N'aurais-je appris que cela pendant nos veillées, j'en serais content.

Bien, mon vieux camarade, lui répondit Jérôme, votre approbation me fait plus de plaisir que quoi que ce soit. C'est à nous de donner l'exemple des améliorations ; secondé par vous , j'espère démontrer à ces jeunes gens les inconvénients de la routine, et l'agriculture fera parmi nous des progrès. Le ton d'enthousiasme avec lequel Jérôme prononça ces paroles , fit une forte impression sur son auditoire, qui partageait l'émotion du bon cultivateur.

La séance fut un instant suspendue ; bientôt Jérôme reprit.

Saumure.

Il y a des cultivateurs qui jettent la saumure de leurs charniers comme chose inutile : c'est à tort. Il faut avoir soin d'en arroser les fumiers, elle en rendra l'emploi plus efficace.

Cendres. — Charrée.

La cendre est encore un engrais dont vous connaissez les propriétés. On emploie rarement comme engrais les cendres de bois avant de les avoir fait servir aux lessives. Elles ne perdent rien de leur qualité par cette opération ; souvent même elles sont préférables à cause des autres substances qui viennent se joindre aux sels que les cendres contiennent. Mais on emploie sans préparation les cendres des mauvaises herbes que l'on a brûlées ; elles ne seraient pas propres au blanchissage, parce qu'elles sont mélangées d'une assez grande quantité de terre. La charrée, ou cendre lessivée, s'emploie comme la cendre pure ; on la répand sur le sol par un temps calme et humide. Elle convient en général à toutes les terres et à toutes les cultures ; cependant l'effet de la cendre se fait mieux sentir sur les prairies et les trèfles que sur les céréales. On s'en sert néanmoins avec avantage pour le sarrasin ou blé-noir. Dans les bois nouvellement défrichés, la cendre produit un effet quelquefois supérieur à celui de la chaux. Dans beaucoup de pays, on est dans l'usage de lever des mottes de gazon pour les brûler ensuite, ce que l'on nomme *écobuage*.

Quelques auteurs ont beaucoup blâmé la méthode de l'écobuage que d'autres ont louée outre mesure. Les uns et les autres ont eu tort : l'écobuage présente des avantages dans les sols argileux, profonds et surtout dans ceux qui sont marécageux; mais il est généralement très-nuisible dans les terrains sablonneux et légers.

L'écobuage ne doit être répété qu'à des intervalles très-éloignés, si on ne veut pas nuire à sa terre, surtout lorsque le sol a par lui-même peu d'épaisseur.

Lorsque l'on veut convertir des landes en bois, quelques cultivateurs ont conseillé de mettre le feu aux produits de la lande, tenant encore par racines. C'est une fort bonne chose, mais qui peut avoir de très-grands inconvénients, et que je ne vous conseillerai pas, dans la crainte qu'après avoir ainsi allumé un vaste incendie, vous ne puissiez en arrêter les ravages aux limites de la lande dont vous voulez faire un bois. La perte pourrait être beaucoup plus considérable que le bénéfice retiré d'un semblable moyen d'amélioration.

Les meilleures cendres pour l'agriculture sont celles provenant des plantes marines, telles que le *varech*, les *goëmons*, etc. Ces plantes contiennent du sulfate de soude, et nous verrons, en parlant des céréales, que cette substance est précieuse comme préservatif contre la carie, unie à l'emploi de la chaux.

La quantité de cendres que vous devez employer est indéterminée; elles ne peuvent jamais nuire. Ne craignez donc pas d'en répandre sur le sol. On peut considérer la cendre comme un engrais tout à la fois nourrissant et excitant. C'est au printemps, lorsque la végétation commence à se développer, qu'il est à propos de s'en servir.

Marganne ou *poudrette*.

Les matières fécales, que l'on nomme aussi marganne ou gadoue, sont un engrais qui possède de grandes propriétés fertilisantes. On emploie ordinairement la marganne desséchée et réduite en poussière : elle prend alors le nom de poudrette. Cet engrais, dans la classe de ceux que j'ai nommés *nourrissants*, convient, comme la cendre, à tous les terrains et à toutes les cultures. Cependant, la différence des sols fait que l'on doit en varier la quantité, lorsque surtout on l'a mélangé avec de la chaux, procédé d'autant plus avantageux qu'en lui ôtant son odeur désagréable et concentrant les gaz ou émanations qui s'en échappent, on ajoute encore à son action.

Repandez-le sur le sol immédiatement après les semences, dans la proportion de 12 à 15 hectolitres par hectare dans les terres calcaires et siliceuses, et 18 à 20 hectolitres pour les terres argileuses. Quelquefois il réussit mieux dans ces dernières, lorsque surtout on a opéré le mélange avec la chaux. Un hectolitre de chaux suffit pour six hectolitres de marganne.

La partie liquide qui se trouve dans les fosses-mortes, a les mêmes propriétés que le purin, et s'emploie de la même manière (1). Il y a des pays où cet engrais a une très-grande valeur ; on le préfère à tous les autres. On attribue en partie à l'usage qu'on en fait, les belles récoltes de chanvre de quelques-uns de nos départements.

Urate.

On fabrique encore avec l'urine un autre

______

(1) Voir la note à la page 44.

engrais très-estimé, que l'on nomme *urate*. C'est un amalgame d'urine et de plâtre, dont on fait une pâte que l'on réduit ensuite en poudre. On l'emploie comme le plâtre dont je vous ai déjà parlé. L'urate est plus actif que le plâtre seul, et convient comme lui aux prairies artificielles.

Je viens de vous dire que la marganne desséchée et réduite en poussière, porte le nom de *poudrette*. Dans les villes, quelques gens font de cette matière un objet de spéculation. Sans vouloir porter atteinte à ce genre d'industrie, je dois vous faire connaître une fraude dont beaucoup de cultivateurs sont dupes.

Tan.

La majeure partie de la poudrette que l'on tire des villes est mélangée d'une grande quantité de *tan* et de terre. Le tan ou débris d'écorces de chêne qui ont servi à la fabrication des cuirs, n'a d'action fertilisante que par l'adjonction des parties animales qui s'y trouvent mêlées. Pour être employé comme engrais et produire quelque effet, il faut le laisser pourrir en monceaux, jusqu'à ce qu'il soit pour ainsi dire converti en terreau. Il convient alors pour les plantations plus encore que pour la culture. Celui que l'on mêle à la poudrette est ordinairement nouveau, et par conséquent presque nul comme engrais. Le cultivateur qui achète de la poudrette la croyant pure, s'expose à perdre sa récolte, faute d'une quantité suffisante d'engrais. Mêlée de tan et de terre brune, il en faut au moins le double, encore n'est-on pas sûr que ce soit assez. Le commerce, comme l'agriculture, a intérêt à ce qu'on mette fin à cette fraude que l'on ne saurait trop blâmer.

Fiente de poules et pigeons ou *colombine*.

La colombine, ou fiente de pigeons et de poules, est un engrais extrêmement actif, que l'on emploie particulièrement pour les plantes qui ont besoin d'une végétation prompte et vigoureuse. Il conviendrait plutôt au jardinage qu'à la grande culture, parce qu'il est difficile de s'en procurer une quantité assez considérable. Gardez-vous bien cependant de négliger cet engrais, vous en tirerez un parti avantageux pour vos semis de colza, de betteraves-disettes, et en général pour toutes les plantes repiquées.

Sang des animaux.

Peu de cultivateurs connaissent la valeur du sang des animaux comme engrais. On ne l'emploie guère en France que sous une forme empruntée et après avoir servi aux arts. Vous vous souvenez que le sang de bœuf entre dans la composition du noir animal. Presque partout le sang des animaux est perdu pour l'agriculture. Un cultivateur qui recueillerait le sang des boucheries les plus voisines de son exploitation, sang qui répand une odeur désagréable et insalubre, y trouverait une source féconde de fertilité en même temps qu'il rendrait service à ses concitoyens. Dans quelques pays, et notamment en Belgique, on fait promener dans les champs les chevaux destinés à être abattus, après leur avoir ouvert les veines. Cette méthode produit les résultats les plus avantageux. Le sang employé liquide est préférable à celui que l'on répand sur le sol après l'avoir desséché et réduit en poussière. Peut-être cependant devez-vous adopter ce dernier moyen, à cause de la facilité du transport sur les terres auxquelles vous voudrez appliquer cet engrais, qui convient à tous les sols. C'est un engrais nourrissant.

Cadavres des animaux.

Comme vous le voyez, mes amis, en agriculture, tout est utile, quand on sait l'employer. Si les os font un bon engrais pour les terres argileuses, et le sang pour tous les sols, les chairs conviennent également. Je connais un cultivateur qui paie à tant par tête les chevaux qu'un écorcheur va tuer dans ses champs. Pour chaque cheval, il fait creuser une fosse profonde, dans laquelle on le jette après l'avoir coupé par morceaux, il place dans le fond de la fosse une bonne couche de bruyère, d'ajonc ou de fougère, ajoute à tout cela un hectolitre de chaux vive et recouvre de terre. Au bout de quelques mois, il retire les os pour les brûler ou les employer dans les terres argileuses; le reste est converti en terreau d'une excellente qualité. Par cette méthode, il a fertilisé une terre médiocre et presque inculte.

Rognures de cornes et sabots des chevaux.

Il n'est pas jusqu'aux rognures des cornes, aux débris de cuirs et de toisons, aux sabots des chevaux que l'on ne puisse utiliser pour augmenter la masse des engrais.

Chiffons de laine.

Les chiffons de laine produisent des effets quelquefois extraordinaires dans la culture des pommes de terre. On peut les employer en les déposant sans préparation sur la pomme de terre même, au moment de l'ensemencement, ou en leur faisant subir un commencement de décomposition dans du fumier. Il est important alors que le fumier soit maintenu constamment humide. La proportion est de 400 kil. de chiffons de laine par hectare. Leur effet se fait sentir pendant deux années au moins. Un cultivateur soigneux ne doit rien perdre.

Boue des rues.

Le voisinage des bourgs et des villes donne encore la facilité de se procurer un fort bon engrais : je veux parler des boues. La boue des rues dans les villes est l'amas des balayures des divers ménages et des ordures qui, s'attachant aux pieds, sont transportées sur les pavés, et se mêlent à la poussière et aux déjections des animaux. Les divers éléments dont se compose cet engrais fermentent ensemble, et lui donnent une propriété très-fertilisante. Il convient surtout pour les prairies et les plantes sarclées, parce qu'il contient beaucoup de graines dont les germes ne nuisent pas aux foins, et que l'on détruit par les buttages.

Paille et litière mises sous les pas des hommes et des animaux.

On a reconnu, il y a long-temps, que les végétaux *stratifiés*, c'est-à-dire jetés dans les lieux passagers pour être soumis au contact des pieds, formaient un assez bon engrais, surtout quand il était mélangé avec du fumier. Les feuilles sèches, les fougères, les ajoncs, les bruyères, placés ainsi, augmentent considérablement la somme des engrais, et acquièrent par là un haut degré d'utilité. Cet usage est fort ancien, et quelques jurisconsultes lui ont appliqué l'interprétation des mots *droit de foule,* que l'on rencontre parfois dans de vieux titres. Ce droit, disent-ils, n'est autre que celui de déposer ou de stratifier des substances végétales sur partie de la propriété de son voisin, pour être foulées aux pieds et changées en engrais par ce moyen.

Il me reste, mes chers amis, à vous parler, en terminant cette veillée, que nous avons déjà prolongée plus tard que de coutume, de quelques engrais, dont l'emploi aurait un double but d'utilité; ce sont les eaux savonneuses et celles qui ont servi au rouissage des chanvres et des lins.

Eaux savonneuses.

Recueillir un profit certain en même temps que l'on contribue au bien-être de ses concitoyens, c'est travailler à se rendre doublement heureux. Tel est le but auquel vous parviendrez, si vous savez profiter de ces engrais.

Les eaux savonneuses, les eaux de lessive et celles qui ont servi au rouissage, contiennent des alcalis et des parties végétales en dissolution, qui leur donnent une action fertilisante très-prononcée. Elles ne conviennent, à proprement parler, qu'aux prairies, pour lesquelles elles sont un précieux engrais. Il s'échappe des réservoirs où elles croupissent une odeur désagréable et des miasmes qui se répandent dans l'air, le corrompent et sont une des causes principales des épidémies que l'on voit se manifester chaque année dans les campagnes. Le désir d'assainir votre pays, autant que votre propre intérêt, doit vous porter, mes chers amis, à écouler ces réservoirs, pour en diriger les eaux sur vos prairies. Vous acquerrez des droits à la reconnaissance publique, et vous augmenterez vos récoltes de foin.

Il est temps de terminer cette veillée : réfléchissez aux divers sujets qui nous ont occupés : ils méritent toute votre attention. Je vous l'ai déjà dit, les engrais sont la base de toute l'agriculture; on peut la perfectionner, la rendre plus facile, plus profitable, mais on ne parviendra jamais à se dispenser de l'emploi des engrais. Appliquez-vous donc à les mettre en rapport avec les différentes espèces de terres; ne négligez aucuns moyens propres à en augmenter la masse; profitez des moindres circonstances, ce seront quelquefois celles dont vous aurez le plus lieu d'être contents.

Lors de la prochaine veillée, nous commencerons l'examen de quelques instruments nécessaires à l'agriculture.

SEPTIÈME VEILLÉE.

De quelques instruments aratoires. — Considérations générales sur les charrues. — Charrue Dombasle ou araire, - charrue Grangé. — Projet d'amélioration applicable aux charrues du pays. — Profondeur des labours. — Considérations sur les divers modes de labours. — Herse. — Rouleau. — Extirpateur. — Houe à cheval. — Charrue à deux versoirs ou buttoir.

Les petites réunions chez Jérôme commençaient à faire bruit dans le pays ; il n'était question partout que des leçons qu'il avait données sur le nombre et le choix des engrais. Déjà ses instructions et son exemple portaient leurs fruits. Des réservoirs à purin avaient été creusés près d'un grand nombre d'étables ; on séparait le fumier de cheval de celui de vache ; on pratiquait des canaux pour faire écouler les eaux qui avaient servi au rouissage ; enfin, l'agriculture semblait commencer une ère nouvelle. Jérôme jouissait de ses progrès, non pour lui, l'amour-propre ne pouvait l'atteindre, mais pour ceux mêmes qui devaient en profiter.

Sa tâche n'était pas remplie : il était parvenu à vaincre la routine sur quelques points ; il lui restait à combattre d'autres préjugés. Il comprenait combien il était délicat de venir dire à des hommes habitués à leurs instruments : Votre charrue est défectueuse ; votre herse ne vaut rien. La difficulté n'était peut-être pas d'en démontrer les défauts, mais d'en offrir qui fussent parfaites, par lesquelles on dût remplacer les anciennes : il fallait former des hommes nouveaux pour les nouveaux instruments. Jérôme avait beaucoup voyagé dans sa jeunesse, et avait remarqué que chaque pays avait son système d'instruments aratoires, qu'il voulait faire prévaloir sur les autres. Rien n'était plus varié que la forme des charrues, et aucune ne lui avait encore paru réunir les conditions qui la rendissent propre à tous les sols comme à tous les climats. Il admirait la simplicité de la charrue Dombasle et le mécanisme ingénieux de la charrue Grangé ; mais il regrettait de ne pas trouver une charrue qui, avec les mêmes qualités, pût être à la portée de toutes les bourses. Jérôme avait un caractère indépendant, et sans vouloir blesser aucune susceptibilité, il entreprit de s'expliquer sur les qualités que devait avoir une bonne charrue. Sa grange semblait être un petit musée d'industrie agricole, par le nombre et la variété des instruments aratoires qu'il avait réunis et mis en ordre. Il y en avait plusieurs dont l'usage et le nom même étaient inconnus à la plupart des cultivateurs qui assistaient aux veillées de Jérôme. Après quelques instants donnés à la visite de ces objets, chacun prit sa place, et Jérôme commença ainsi :

Charrues.

De tous les instruments employés en agriculture, le plus indispensable est la charrue. C'est aussi celui dont la confection offre le plus de difficultés. Depuis l'invention de la première charrue, qui n'était autre chose qu'un crochet de bois renversé avec lequel on traçait des sillons bien imparfaits, d'innombrables perfectionnements ont eu lieu, et cependant, après tant de siècles, nous ne sommes pas encore arrivés à pouvoir dire : Voilà une charrue sans défaut. La meilleure de toutes serait celle qui conviendrait à tous les sols, retournerait le mieux la terre, demanderait le moins de tirage, fatiguerait le moins l'homme chargé de la diriger, et coûterait le moins cher. L'inventeur d'une charrue qui réunirait toutes ces qualités, pourrait être classé parmi les bienfaiteurs de l'humanité ; mais cette découverte est encore un problème. Faute d'une entière perfection, nous devons donner la préférence à la charrue qui aura le moins de défauts et présentera le plus d'avantages.

Pour constituer une bonne charrue, il faut, a dit la Société Royale d'Agriculture de Paris,

« que le laboureur n'ait pas besoin d'aide,
» qu'elle soit simple et légère, que l'attelage ne
» soit pas de plus de deux bêtes (en circons-
» tances ordinaires), que le soc soit plat et
» tranchant, que le versoir range la terre de
» côté et nettoie parfaitement le fond de la raie,
» que le labour soit étroit et profond, que la
» charrue obéisse avec précision à tous les
» mouvements que lui imprime le laboureur,
» qu'elle ne fasse rien au-delà de ce que sa
» main lui prescrit. »

Ces documents pourront servir de guide à tous ceux qui tenteront des améliorations dans la construction des charrues. Je vous engage, mes chers amis, à les avoir toujours présents à la mémoire.

Les hommes les plus instruits n'ont pas dédaigné de travailler à la découverte de charrues qui approchassent, autant que possible, de la perfection.

Deux charrues se disputent aujourd'hui la supériorité. L'une, inventée par M. Dombasle, est celle que vous voyez là dépourvue d'avant-train. Sa simplicité est remarquable. La forme du soc et du versoir est incomparablement meilleure que celle de nos charrues anciennes ; le tirage en est plus facile, et le labour plus net et plus profond (1).

____

(1) Nous signalerons encore, au nombre des meilleures

L'autre est la charrue Grangé. Vous avez beaucoup entendu parler de cette belle découverte. Le soc et le versoir offrent les mêmes avantages que ceux de la charrue Dombasle. Elle a de plus que celle-ci de ne pas fatiguer le laboureur, puisqu'elle marche sans le secours de ses mains pour la soutenir, et d'être plus aisée à tourner au bout du sillon. Mais la charrue Dombasle l'emporte de son côté sur la charrue Grangé, par la facilité qu'elle offre d'éviter les obstacles que l'on rencontre quelquefois dans la terre, et qui briseraient infailliblement le soc, si le laboureur ne l'écartait avec promptitude.

Quel que soit le jugement que l'on portera sur ces deux charrues, il faut rendre hommage au génie de leur auteur ; mais elles ont l'une et l'autre un grave inconvénient, celui d'être d'un prix trop élevé pour la grande majorité des cultivateurs. Il n'y aura que les riches à pouvoir, d'ici long-temps peut-être, se procurer l'une ou l'autre de ces charrues ; mais ceux dont la fortune est très-bornée, ceux qui n'ont qu'à peine de quoi vivre et élever leur famille (c'est la classe la plus nombreuse et celle qui a le plus besoin de profiter des améliorations, celle sans

---

charrues, la charrue *André-Jean* de Perigny, et la charrue *Rozé*.

laquelle l'agriculture fera peu de progrès, puisqu'elle en a, pour ainsi dire, le monopole), ceux-là, dis-je, ne profiteront pas de ces inventions précieuses, tant que le prix n'en sera pas en rapport avec leurs moyens pécuniaires (1).

Cependant, mes amis, s'il fallait choisir entre la charrue Dombasle et la charrue Grangé, je donnerais la préférence à la première, à cause de sa simplicité, et parce que je la crois plus propre à tous les sols. (Planche 1.)

---

(1) La Société d'Agriculture de Rennes (Ille-et-Vilaine) a pensé que l'un des meilleurs moyens de propager l'usage des charrues perfectionnées, est d'accorder aux premiers cultivateurs qui l'adopteront, une prime égale à la moitié au moins du prix de l'Araire. Il serait à désirer que cet exemple fût suivi par tous les comices agricoles.

Charrue Dombasle ou Araire. (Planche 1.)

Pardon de vous interrompre, Jérôme, lui dit le vieux Pierre ; mais depuis soixante ans je m'occupe d'agriculture, et j'ai plus d'une fois fait faire des charrues ; j'en ai eu de plus commodes les unes que les autres, elles avaient, à peu de chose près, toujours la même forme. Je donne à la flèche deux fois la longueur du cep et du soc réunis ; le versoir de celle qui me sert dans les terres légères est plus ouvert que celui de la charrue avec laquelle je laboure mes terres fortes et mes défrichements, parce que c'est dans le versoir qu'est toute la résistance.

Des deux charrues dont vous nous parlez, l'une a un avant-train, l'autre n'en a pas. La manière de régler la largeur des raies et la profondeur du labour n'est plus la même. Il faudra donc que je fasse une étude toute nouvelle ! Avec votre charrue Dombasle, je dois peser sur les mancherons, lorsque, pour obtenir le même résultat, je lève ceux de ma charrue ; si je veux tourner au bout du sillon, la sellette de mon avant-train sert de point d'appui à ma flèche, ce qui rend cette opération plus facile. Enfin, je ne trouve à ma charrue qu'une chose à réformer : c'est la forme de mon soc et celle de mon versoir. Qu'en pensez-vous, Jérôme ? Ferais-je bien d'adapter un soc et un versoir dans le genre de ceux des charrues nouvelles, à celle que j'ai si bien l'habitude de conduire ?

Je pense, répondit Jérôme, que ce sera déjà une grande amélioration que vous apporterez au système de nos charrues ordinaires, et je vous loue très-fort, mon cher Pierre, d'être dans cette intention. Votre exemple trouvera de nombreux imitateurs. Le soc rond et pointu, le versoir formant, dans toute sa hauteur, une ligne verticale et droite ; voilà bien les deux choses qui rendent le plus nos charrues défectueuses, et nuisent à la qualité des labours. Le soc tranchant et plat trace une raie beaucoup plus unie et mieux nettoyée ; le versoir rentrant à la partie inférieure la plus éloignée du soc, et représentant, vu de haut en bas, à peu près la forme d'un $\times$, comme dans les charrues nouvelles, ferme la raie en forçant la motte à se briser ; il en résulte que la terre est plus ameublie, et qu'on n'est plus obligé de l'appuyer avec le pied, comme cela est souvent nécessaire avec nos versoirs actuels, ce qui fatigue beaucoup l'homme qui tient la charrue. Votre versoir ainsi construit, n'offrira pas une plus grande résistance, puisque même en lui donnant moins d'écartement, vous obtiendrez un meilleur labour. Je vous engage donc à mettre votre projet à exécution ; j'en surveillerai moi-même le travail, si cela vous fait plaisir.

Pierre accepta la proposition de Jérôme, et il fut convenu que, dès le lendemain, les ouvriers seraient mandés.

A quoi sert donc, demanda Jean-Marie, ce morceau de fer placé à la tête de la charrue Dombasle, entre les dents duquel passe la chaîne, et qui paraît se hausser ou se baisser à volonté ?

Mon ami, dit Jérôme, c'est le *régulateur :* plus on l'élève, plus la pointe du soc plonge dans la terre, ce que vous nommez *donner de l'avant;* plus on le baisse, plus on obtient l'effet contraire.

Les dents servent à régler la largeur de la bande. En écartant votre chaîne vers la droite, vous rendez votre soc plus *hardi,* c'est-à-dire que la charrue prend plus large de terre. Vous diminuez au contraire la largeur en rapprochant le grand anneau de la chaîne du milieu de la *haie* ou *flèche,* ou en l'écartant vers la gauche.

En vous parlant des charrues, mes chers amis, continua Jérôme, je ne dois pas omettre de vous dire quelque chose des labours, de leur profondeur, et des divers modes de préparation des terres.

Il n'est pas un de vous qui n'ait remarqué que, dans une terre cultivée à la bêche, les récoltes sont en général plus belles que dans celle cultivée avec la charrue. Cela provient de la profondeur du labour donnée à la terre par le premier moyen. On ne peut employer la bêche que dans un terrain d'une petite étendue ;

mais plus vous approcherez avec la charrue de la profondeur de ce labour, plus aussi vous pourrez espérer avoir le même résultat.

La terre est d'autant plus fertile que la couche végétale, ou *le sol*, a plus d'épaisseur, surtout pour la culture des plantes à racines pivotantes. Le moyen d'augmenter cette épaisseur de sol, est, comme je vous l'ai dit précédemment, d'amener à sa surface une partie du sous-sol, qui se convertit bientôt lui-même en terre végétale par son exposition au soleil et à l'air, dont il reçoit alors les impressions favorables, et par son mélange avec le sol.

Plus votre terre est argileuse et forte, plus votre labour doit être profond, parce qu'alors vous la diviserez davantage et la rendrez plus légère.

Cependant, remarquez que tous vos labours ne doivent pas atteindre la même profondeur; c'est dans le labour de défrichement qu'il faut arriver jusqu'au sous-sol et en lever une partie. Le labour d'ensemencement qui vient ensuite, sera plus léger et ne fera que remuer de nouveau la terre retournée par le premier, ameublie et divisée par le rouleau et la herse dont je vais bientôt vous parler. Si l'on voit tant de récoltes versées et qui ne viennent pas à maturité, cela vient fréquemment du peu de profondeur que l'on donne aux labours. Celle que j'ai adoptée, et qui m'a toujours réussi, est de 28 à 33 centimètres (10 à 12 pouces) dans les défrichements, 18 à 24 centimètres dans les labours d'ensemencement. Dans les terres siliceuses et calcaires, lorsque le sous-sol est crayeux ou schisteux (on nomme *schiste*, une sorte de pierre ordinairement molle et qui se lève par écailles), la profondeur du labour devra être proportionnée à l'épaisseur de la couche de terre végétale, quelquefois très-mince. Il y aurait de l'inconvénient à changer tout-à-coup la nature du sol par un labour trop profond. Ce sera graduellement et en prenant chaque année une légère portion de ce sous-sol que vous parviendrez à rendre le sol plus épais et plus fertile.

Disons maintenant quelques mots des divers modes de préparation des terres par les labours :

Dans quelques pays, on a l'habitude de relever les terres en *sillons* ou *billons* formés tantôt de quatre, tantôt de six raies tirées par la charrue ; en d'autres, on cultive la terre tout à plat et sans apparence de sillons ; ailleurs, on prend un moyen terme, en divisant le champ en espaces plus ou moins larges, séparés les uns des autres par une raie profonde. Ces espaces, ainsi divisés, prennent le nom de *planches.* Ces divers systèmes de labours peuvent être tous bons, eu égard à la nature du sol et à l'espèce d'ensemencement. Cependant, il importe d'examiner les inconvénients et les avantages de chacun, pour bien comprendre quel est celui de tous qui doit être préférablement adopté.

Culture en sillons.

La culture en sillons élevés peut convenir dans les terres fortes et argileuses, parce que ainsi disposées, dans l'hiver, elles laissent plus aisément écouler la surabondance d'eau que ces sortes de sols ne peuvent absorber; dans l'été, se trouvant plus exposées aux courants d'air, elles en reçoivent plus facilement les influences. Cette forme convient spécialement à la culture des céréales; aussi est-elle en usage dans la plupart des pays où l'on se borne presque exclusivement à cette culture. Cependant, même alors, elle offre des désavantages : entre chaque sillon est une raie profonde, dans laquelle le sous-sol demeure à découvert, ou, du moins, le sol n'y étant pas labouré, ameubli, l'eau y séjournant, la quantité de graines qui s'y trouve semée y germe difficilement, et est privée des engrais qui tous sont reportés dans le sillon. Elles ne sauraient alors porter de fruits. Il en résulte que toute la portion de terrain occupée par ces raies, le plus ordinairement ne rapporte rien. Plus ces raies sont multipliées, plus la perte est considérable pour le cultivateur,

Culture à plat.

La culture à plat, sans sillons, avantageuse dans les terrains légers, calcaires ou siliceux, et surtout dans l'ensemencement des plantes qui constituent les prairies artificielles dont nous parlerons plus tard, ne saurait convenir dans les terres fortes, argileuses, mouillées. Plus la surface du sol est unie et sans inégalités, plus le sol retient d'humidité. Or, le caractère particulier des terres fortes est de retenir l'eau dont on doit s'efforcer de faire écouler la surabondance, qui nuit singulièrement à la production des céréales.

Culture en planches.

La culture *en planches* semble devoir être généralement préférée aux deux autres, parce qu'elle en réunit les avantages sans en avoir les inconvénients. Les planches doivent avoir une largeur moyenne de 2 à 3 mètres. Il convient de donner aux planches une forme légèrement arrondie et qu'on a coutume de nommer *dos d'âne.* La raie qui sépare les planches doit être profonde et parfaitement nettoyée, afin de rendre l'écoulement des eaux plus facile. En curant ces raies, on rejette la terre sur les planches qui ont été ensemencées à leur surface; on nomme cette opération *augeoler :* elle produit un effet très-avantageux pour les céréales.

Voilà, mes amis, ce que j'avais à vous dire sur les labours ; je ne vous parlerai pas du nombre que vous en devez donner à votre terre : rappelez-vous seulement que, plus elle sera remuée souvent, plus elle acquerra de qualité.

Après vous avoir parlé des charrues et de la profondeur des labours, je vais vous indiquer les instruments nécessaires aux opérations qui doivent suivre ce premier travail. Dans certains pays, surtout dans ceux où l'on conserve encore beaucoup de jachères, malgré le tort immense qu'elles causent à l'agriculture, comme je vous l'ai dit, on se sert de la houe pour briser les mottes. Ce travail est long, fatigant et dispendieux : c'est ce que l'on nomme *rabattre le guéret*. Il est un moyen beaucoup plus simple d'obtenir le même résultat avec bien moins de frais et de fatigue : c'est de se servir d'une *herse* à dents de fer, puis ensuite d'un rouleau. Ces deux instruments sont indispensables dans une exploitation bien dirigée.

Herse.

La forme de la herse n'est pas une chose indifférente ; elle exerce une grande influence sur la qualité du travail et la facilité avec laquelle on le fait.

Pour bien diviser les mottes que la charrue a laissées entières, la herse doit avoir une pesanteur proportionnée à la nature du sol, et être plus lourde pour les terres argileuses que pour les terres légères et sablonneuses. Les dents ou lames doivent être en fer, dans la forme d'un *coutre* de charrue, de la longueur de six à dix pouces, espacées à huit pouces environ les unes des autres, légèrement inclinées en avant, et disposées de manière à ce que chacune fasse une trace séparée et distincte. C'est pour cette raison que la forme en *losange*, ou *fausse équerre*, paraît être celle que l'on doit préférer dans la construction d'une bonne herse. Faite dans cette forme, la herse doit avoir des crochets aux deux bouts, de manière à pouvoir être traînée soit en avant, soit en arrière, opération que la position inclinée des dents rend souvent très-avantageuse. (Planche 2.)

La terre, pour être soumise au hersage, ne doit être ni trop sèche ni trop mouillée. Un hersage, donné en temps utile, peut quelquefois augmenter considérablement le produit de vos récoltes. Un premier hersage avant le labour d'ensemencement est indispensable. Il est une autre opération que des expériences réitérées ont fait regarder comme extrêmement avantageuse, et qui est aussi une espèce de hersage, c'est de promener sur vos semences d'hiver, au mois de mars, un faisceau d'épines. Par l'emploi de ce procédé, vous donnez à votre terre

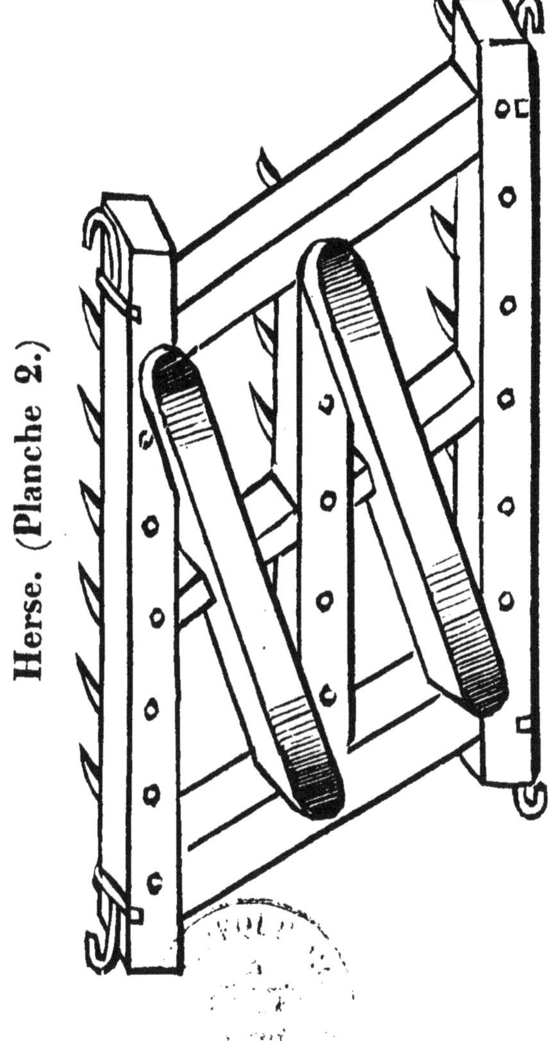

Herse. (Planche 2.)

un petit labour qui en ameublit la surface, regarnit le pied du grain et lui fait produire, sur la même souche, un plus grand nombre d'épis. J'ai vu des champs dans lesquels ce travail si simple, si facile, avait augmenté la récolte d'un quart.

Rouleau.

Le rouleau est un cylindre en bois ou en fonte, de la pesanteur de 8 à 900 livres. Après avoir divisé la terre, au moyen de la herse, vous achevez d'écraser toutes les mottes avec cet instrument. Il vous servira encore à raffermir, après l'hiver, les prairies dont la glace aura soulevé la croûte, et à faire disparaître les pierres que les taupes ont amenées à la surface, et les traces qu'ont faites ces animaux. Le rouleau a l'avantage de détruire une grande quantité d'insectes qui dévorent les tiges et souvent jusqu'aux racines des plantes. Enfin, l'usage de la herse et du rouleau simplifie beaucoup les travaux du laboureur, et offre une grande économie de temps et de main-d'œuvre, deux choses bien précieuses en agriculture. (Planche 3.)

Extirpateur.

J'ai vu votre attention se porter sur un instrument que voilà près de la charrue Dombasle, à laquelle on donne aussi le nom d'*araire*. Ses trois socs plats et sans versoir vous intriguent;

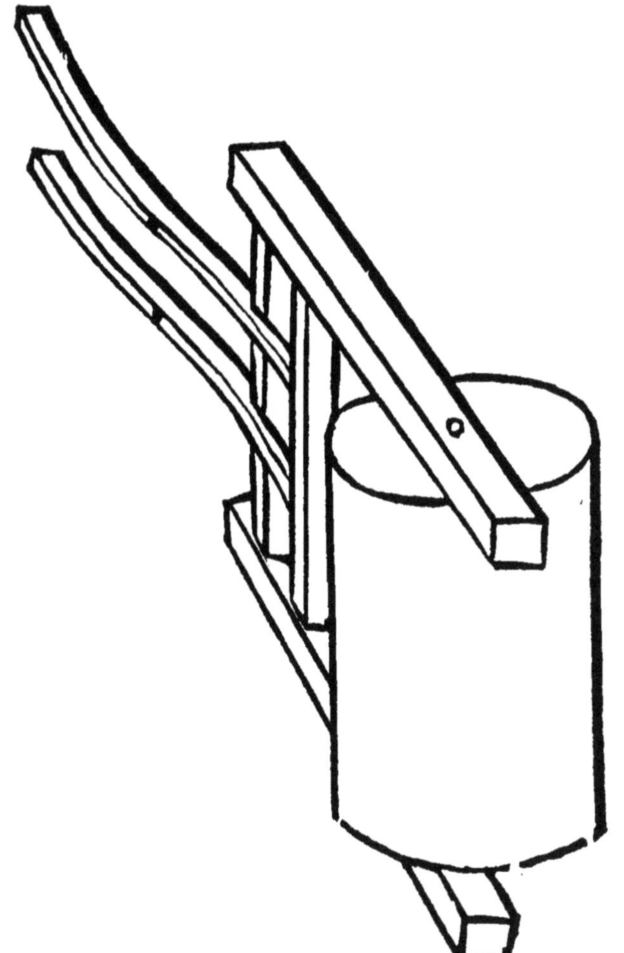

Rouleau. (Planche 3.)

c'est celui qui porte le nom d'*extirpateur*. Il est destiné à couper les racines ; il passe dans la terre sans la retourner, et facilite l'action de la charrue et de la herse. C'est une fort belle invention.

Houe à cheval.

Cet autre est la houe à cheval. Son soc, placé en avant et assez semblable à l'un de ceux de l'extirpateur, à l'exception du coutre qui l'accompagne : ses coutres et les serpes que vous remarquez aux deux côtés, ameublissent la terre et sarclent les mauvaises herbes. On se sert principalement de la houe à cheval pour bécher entre les rangs de pommes de terre, de betteraves-disettes, de colza, etc. On fait avec cet instrument, en deux heures, autant d'ouvrage qu'en feraient trois hommes dans une journée. La houe à cheval est indispensable dans le système d'assolement actuel, avec la culture des plantes sarclées. (Planche 4.)

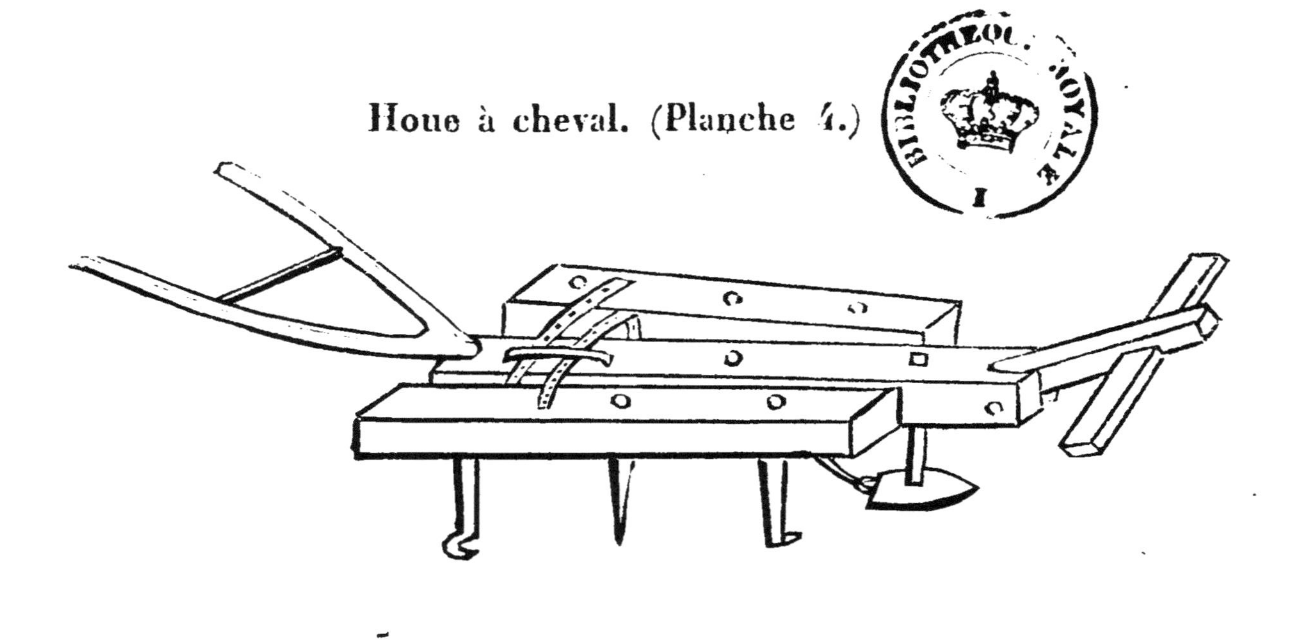

Houe à cheval. (Planche 4.)

Butteur ou *Buttoir.*

Il en est de même de cette espèce de petite charrue à deux versoirs que vous voyez à côté, et que l'on nomme butteur ou buttoir, parce qu'il sert principalement à butter les pommes de terre. Je vous en expliquerai les avantages en vous parlant de l'importance de la culture de ces plantes.

Je ne vous parlerai pas, mes amis, d'une foule d'autres instruments aratoires, qui chacun ont leur utilité particulière. Je ne vous ai entretenus que de ceux qui servent à la culture directement, et dont l'emploi doit être adopté partout où l'on a senti le besoin de diminuer les fatigues du cultivateur, et de faciliter les opérations du labourage. L'introduction d'un grand nombre d'instruments aratoires perfectionnés se fera peu à peu. Efforcez-vous de vous procurer d'abord les plus nécessaires, vous aurez ensuite ceux dont l'utilité n'est que secondaire. (Planche 5.)

Butteur ou Buttoir. (Planche 5.)

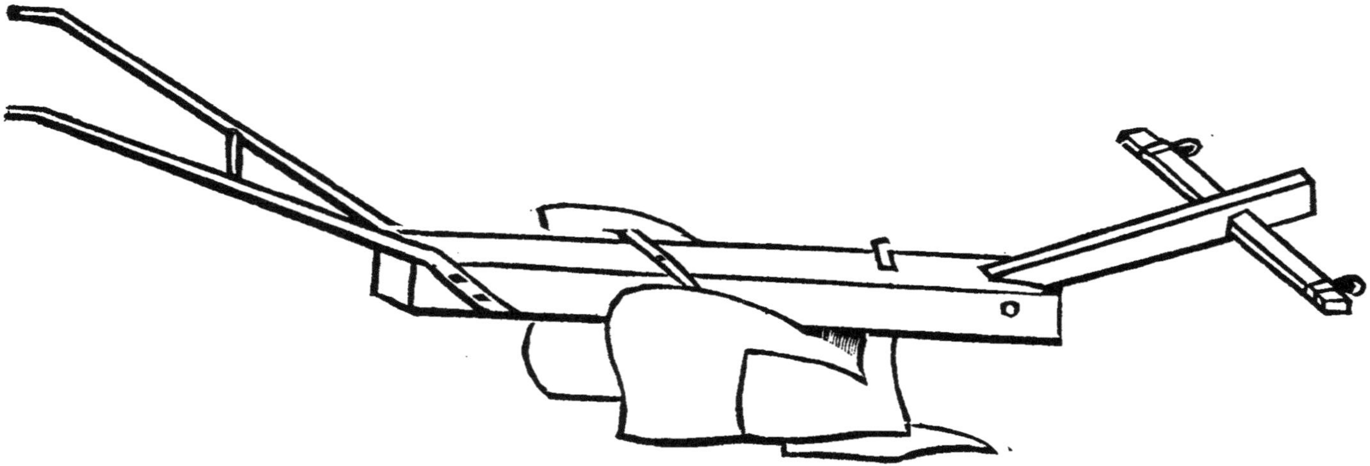

HUITIÈME VEILLÉE.

Du choix des graines. — Des divers modes d'ensemencements. — De la culture des céréales. — Froment, -
préservatif contre la carie. — Seigle , - orge , - blé-
noir, - avoine, - maïs, - millet. — Des prairies naturelles.

On avait passé plus de huit jours avant de
pouvoir se réunir chez Jérôme : c'était le fort
de la saison des ensemencements d'automne ; le
temps était beau, il fallait en profiter. Déjà partout la terre se couvrait d'une nouvelle verdure
qui contrastait singulièrement avec la chute
des feuilles dont les arbres se dépouillaient.
Pierre avait adapté à sa vieille charrue le nouveau système de soc et de versoir, et s'en était
très-bien trouvé : c'était une conquête dont Jérôme était fier. Cette fois, il devait entretenir ses
auditeurs des ensemencements, de la culture
des céréales et des prairies naturelles.

La théorie des ensemencements, leur dit-il,
varie quant à l'époque et quant à la manière d'o-
pérer, selon les graines, leur destination, le
climat, la nature du sol, et le mode adopté dans
la forme des labours.

Toutes les graines ne possèdent pas des qualités égales pour être propres à la reproduction. Vous savez, mes amis, qu'elles sont le résultat de la fécondation ; elles contiennent les éléments des plantes nouvelles qui se développent par la germination. Pour être bonnes, il faut d'abord que les graines aient été fécondées ; en second lieu, qu'elles aient été récoltées après avoir atteint un degré suffisant de maturité ; enfin, que les organes destinés à la germination n'aient pas été altérés ou détruits.

Il y a des graines dans lesquelles la faculté de germer se conserve pendant de longues années, lorsque d'autres perdent cette faculté au bout d'un court espace de temps.

Il n'est pas toujours aisé de reconnaître les bonnes d'avec les mauvaises ; cependant, à peu d'exceptions près, on peut les regarder comme bonnes, quand elles présentent les caractères suivants :

1.º Quand elles paraissent bien remplies ; 2.º qu'elles sont lourdes et qu'elles ne surnagent pas en les plongeant dans l'eau ; 3.º que l'épiderme ou la petite peau qui les recouvre est lisse et sans rides ; 4.º enfin, quand elles ne se déforment pas en se desséchant.

Les graines demandent à être enterrées plus ou moins profondément ; en cela, leur grosseur sert ordinairement de guide : plus elles sont

petites, moins elles ont besoin d'être recou-
vertes de terre, pourvu qu'elles le soient toujours un peu. La nature du sol exerce également
une grande influence sur la profondeur des ensemencements; elle doit être beaucoup moindre
dans les terres fortes, argileuses, que dans les
terrains légers parce que, dans ceux-ci, l'humidité qui, avec l'air et la chaleur est une des
conditions indispensables à la germination,
s'évapore plus promptement que dans les premiers.

Quel que soit le sol qu'on veut ensemencer et
les graines qu'on lui destine, il faut avant tout
bien préparer la terre, l'ameublir, en exposer
les diverses parties au contact de l'air; enfin, lui
fournir des engrais convenables et en quantité
suffisante.

Les ensemencements se font, soit *à la volée*,
soit *en lignes*. L'usage de semer les céréales à
la volée est le plus généralement suivi, et le seul
peut-être qu'on puisse adopter avec la culture
en sillons. Mais il ne faut pas se dissimuler
qu'il est sujet à de grands inconvénients; l'habitude que l'on a de semer devant la charrue, qui
vient ensuite recouvrir la semence, fait qu'une
partie considérable de cette semence se trouve
enfouie trop profondément et alors ne lève pas;
le cultivateur est obligé d'en augmenter la quantité, et souvent encore son champ n'est que mé-

diocrement chargé d'épis. En semant à la volée, on ne peut jamais apprécier exactement le résultat de l'ensemencement. La difficulté des sarclages est un autre inconvénient de ce mode, et pourtant les sarclages sont indispensables, pour assurer la propreté des récoltes de céréales.

Dans l'ensemencement en lignes, ces inconvénients n'existent pas, ou du moins sont considérablement diminués. Les grains semés à une profondeur égale, germent et lèvent tous, parcequ'ils ne sont recouverts que de la quantité de terre indispensable à la germination ; il faut dès lors employer beaucoup moins de semences ; les sarclages se font plus régulièrement et demandent moins de temps et de main-d'œuvre. En un mot, ce mode est incontestablement plus avantageux sous tous les rapports.

Dans quelques circonstances, il faut préférer cependant l'ensemencement à la volée, lorsqu'il s'agit de graines destinées à former des prairies artificielles ou naturelles, parce que, dans ce cas, il n'y a pas de sarclages à faire, et que l'ensemencement a lieu sur le sol labouré et nivelé. Je ne saurais trop vous recommander alors de faire passer le rouleau immédiatement après l'ensemencement. Ce procédé a pour effet d'enterrer également la semence et d'affermir le sol, qui, dans les terrains légers surtout, acquiert par là plus de solidité, devient moins perméable et conserve aux graines plus d'humidité.

Après ces notions sur les ensemencements, entrons dans quelques détails relatifs à la culture des céréales.

Céréales.

Le nom de *céréales* vient de *Cérès*, qui, dans le temps du paganisme, était considérée comme la déesse des moissons. Sous ce nom, on comprend tous les grains desquels on retire une farine propre à la nourriture des hommes ou des animaux, et particulièrement à faire du pain.

Les principales céréales sont : *le blé* ou *froment*, le *seigle*, l'*orge*, le *sarrasin* ou *blénoir*, l'*avoine*, le *maïs* ou *blé de Turquie*, le *mil* ou *millet*.

Le froment occupe le premier rang parmi les céréales, en raison de son importance, puisqu'il est vrai de dire que le froment est la base de la richesse des États. On en distingue deux classes principales auxquelles se rapportent un grand nombre de variétés (1). Ces deux classes sont les froments *sans barbe* ou *mousses* et les froments *barbus*.

Le froment vient assez dans tous les sols, et particulièrement dans ceux qui sont *argilo-*

____

(1) M. Le Boterf fils, botaniste distingué de Nantes, en a reconnu soixante variétés dans le département de la Loire-Inférieure.

calcaires. Les terrains siliceux paraissent mieux convenir au seigle ; cependant, en y ajoutant un principe calcaire, on obtient de belles récoltes de froment, même dans ces terrains.

Il faut, pour cette culture, donner au sol des engrais nourrissants, tels que les fumiers, mais ne pas perdre de vue ce que nous avons dit sur l'application de ces engrais par rapport au sol. Si vous voulez obtenir de plus beaux résultats, joignez à ces engrais quelques-unes des substances que nous avons nommées *excitantes* ou *stimulantes*, telles que les vases de mer, etc., etc..

L'un des engrais les plus avantageux pour la culture du froment est celui que nous avons désigné sous le nom de *fumure verte*. Rappelez-vous ce que nous en avons dit précédemment. L'usage de ce procédé est tellement efficace, que, dans quelques contrées de la France, on a consacré le proverbe : *Point de bon blé sans trèfle*. C'est aussi l'un des principaux motifs de la préférence que l'on doit accorder à la culture alterne sur l'assolement triennal.

On divise encore les froments en froments *d'hiver* et en froments de *printemps*, ou *blés de mars* vulgairement nommés *tremas* ou *tremois*, parce qu'ils n'occupent la terre que pendant trois mois.

Les engrais pulvérulents, ceux qui agissent d'une manière prompte et énergique, conviennent spécialement pour ces derniers ; tels sont le noir animal, les cendres, les marnes calcaires, etc., etc...

Quant à la culture du froment, vous la connaissez; et les détails que je pourrais vous donner à cet égard rentrent dans les préceptes généraux dont nous nous sommes occupés; seulement, rappelez-vous ce que je vous ai dit de l'influence de la profondeur des labours et de celle d'un hersage donné en temps utile.

Jean-Marie interrompit ici Jérôme pour lui demander, s'il était plus avantageux de semer le froment plutôt de bonne heure que tard; à quoi Jérôme répondit : l'époque la plus favorable pour l'ensemencement d'hiver est subordonnée au climat et à l'état habituel de la température. Si les glaces sont précoces et de longue durée, il faut semer de bonne heure, afin que le froment atteigne assez de force pour pouvoir leur résister. Si, au contraire, la température est douce et les froids habituellement tardifs, mieux vaut semer un peu tard, afin d'éviter un trop grand développement de la température avant l'hiver, développement qui occasionnerait une diminution sensible dans les produits.

N'oubliez pas surtout qu'il est important de pratiquer des écoulements, parce que rien ne nuit plus au froment qu'une humidité trop abondante.

J'ai à vous parler maintenant d'une maladie qui affecte les froments et porte au cultivateur un préjudice considérable ; c'est la *carie* que l'on désigne encore sous les noms de *blé éteint, bouton, charbon, blé niellé,* etc., etc.

Je n'ai point à me prononcer, mes amis, sur la cause de cette maladie, sur laquelle les hommes les plus savants ne sont pas d'accord. Il nous suffit de chercher les moyens de la prévenir. Un grand nombre de procédés ont été indiqués ; je choisirai celui qui paraît le plus à la portée de tous les cultivateurs, et dont l'efficacité est constatée par de nombreuses expériences. J'en ai extrait la recette du registre de la section d'agriculture de la Société Royale Académique de Nantes ; ce procédé consiste :

« A laver la semence à froid, dans une les-
» sive de cendres de bois préparée comme pour
» la buée, à laquelle on mêle gros comme le
» poing de chaux vive sur la quantité de deux
» décalitres de lessive. Un décalitre de cendres
» est nécessaire pour cette quantité. Un baquet,
» ou une demi-barrique, suffit pour plus d'un
» setier de froment. On se sert avantageuse-
» ment, pour ce lavage, d'un panier d'osier qu'on
» remplit à chaque fois de manière à ce que les
» grains soient bien remués en tous sens, afin
» que, généralement imbibés, les bons tombent
» au fond et soient ainsi séparés de ceux de

» mauvaise qualité qui surnagent et que l'on
» enlève. Après avoir égoutté, on vide succes-
» sivement le panier sur un plancher ou un
» carrelage. A la suite de ce bain, et avant que
» le grain soit sec, on répand sur le tas de la
» poussière de chaux vive en prenant le soin
» de remuer promptement le grain pendant cette
» opération et de le retourner avec une pelle
» de bois, pour que toutes les parties humides
» soient bien pénétrées et que le grain rede-
» venu sec, soit blanc et poudré totalement de
» chaux. Il faut observer que la chaux ne doit
» pas être éteinte à grande eau, mais *fusée,*
» c'est-à-dire réduite en poudre au moyen de
» quelques gouttes d'eau seulement répandue
» sur chaque pierre de chaux, et qu'il n'en faut
» ainsi étendre que la quantité nécessaire à
» chaque opération. »

On peut remplacer la lessive (et c'est le procédé indiqué par M. Mathieu De Dombasle) par
une dissolution de *sulfate de soude* dont on dis-
sout trois onces par pinte d'eau; mais rien ne
peut remplacer la chaux, qu'il faut toujours employer comme nous venons de le dire.

Puisque nous nous occupons de la conservation des froments, l'occasion semble favorable
pour vous faire connaître un autre procédé destiné particulièrement à les préserver de l'atta-
que des charançons dans les greniers. Je ne

saurais vous en garantir la réussite complète ;
mais il est si simple, si peu dispendieux et
d'une exécution si facile, que chacun de vous
peut en faire l'essai (1). Il consiste uniquement
à frotter le plancher du grenier et la pelle de
bois qui sert à retourner le grain avec des
oignons ordinaires. Il faut en outre déposer dans les tas quelques autres oignons, sans
qu'il soit nécessaire de les rompre. Bientôt on
voit les charançons fuir et chercher un asile
dans quelques lieux où cette odeur ne les atteigne pas. L'odeur de l'oignon ne se communique
pas au grain, comme on pourrait le croire; et, dans
tous les cas, quelques instants d'exposition à
l'air suffiraient pour la faire disparaître.

Seigle.

Ce que nous venons de dire sur la culture
du froment s'applique également au seigle, quant
aux travaux d'ensemencements et aux préparations à donner au sol. Le seigle est moins difficile que le froment sur la qualité du terrain ;
il préfère les terres légères aux terres fortes et
argileuses.

Le seigle se sème dans le courant du mois
d'octobre. Mêlé au froment par portions à peu

---

(1) Ce procédé nous a été communiqué par M. Lafont
fils, membre de la Société Royale Académique de Nantes.

près égales, on en fait un pain grossier, mais très-nourrissant, en usage dans plusieurs cantons des départements de l'Ouest, où il est connu sous le nom de *pain de mêléard*.

Le seigle est sujet à une maladie qu'on nomme *ergot*, parce que les grains s'allongent en forme légèrement courbée et ressemblant à l'éperon d'un coq. L'ergot est occasionné par la présence d'un champignon vénéneux, qui peut causer des colliques et même la mort par empoisonnement, s'il y en avait en trop grande abondance. Le lait est le meilleur contre-poison dans ces accidents.

Quelques expériences font penser qu'on peut préserver le seigle de l'ergot, en employant le même procédé que pour prémunir le froment contre la carie.

Orge.

La culture de l'orge appartient aux ensemencements de printemps. Elle s'associe parfaitement avec la formation des prairies artificielles et particulièrement avec le trèfle commun. L'orge s'accommode assez de tous les sols comme de tous les engrais ; cependant, ceux à base calcaire semblent lui convenir d'une manière plus spéciale.

L'orge et le seigle, semés vers la fin de l'été, peuvent fournir une bonne nourriture aux bestiaux pour la fin de l'automne ; c'est ce qu'on nomme de la *verte*.

Sarrasin ou *Blé-Noir*.

Le blé-noir se sème depuis le 15 mai jusque vers la moitié de juin; il demande à être semé clair et dans un terrain sec, il préfère la terre argilo-calcaire à la terre siliceuse, dans laquelle cependant on le voit prospérer, pourvu qu'elle soit bien fumée. Les engrais qui conviennent spécialement aux blés-noirs, sont les engrais pulvérulents et énergiques, tels que le noir, la poudrette, les cendres et charrées, les mélanges de chaux et de terreau ou de terre levée dans les chintres ou fourrières, etc., etc. Le blé-noir est encore une des plantes qui peuvent servir le plus utilement pour les fumures vertes. Il faut alors le semer dru et l'enfouir un peu avant la floraison. C'est une des meilleures préparations qu'on puisse donner à la terre pour l'ensemencement du froment à l'automne suivant.

Nous verrons, en parlant de la culture du trèfle, que cette plante réussit mieux semée parmi le blé-noir qu'avec aucune autre céréale.

Avoine.

L'avoine demande moins de préparations et moins d'engrais que les grains dont nous venons de parler, mais elle épuise beaucoup le sol. De là, cette défense consignée dans la plupart des baux à ferme, de faire deux avoines successivement. Cette plante n'est pas difficile sur la qualité du terrain, elle vient à peu près partout. On la sème ordinairement à l'automne dans le courant d'octobre. Il existe plusieurs variétés d'avoine : l'une d'elles, peu répandue encore et cependant l'une des plus avantageuses, est la grande avoine (*avena elatior*), sa paille élevée sert de fourrage d'hiver aux bestiaux en la mélangeant avec du foin et des racines alimentaires, telles que la pomme de terre, la betterave, le rutabagas, etc., etc.

Une autre variété d'avoine, que l'on sème au printemps et même dès le mois de frévrier, lorsque la température le permet, porte le nom d'*avoine noire*, à cause de sa couleur. Quoique moins avantageuse que l'avoine d'automne, elle peut, dans quelques circonstances, remplacer celle-ci lorsque, après un hiver rigoureux, les ensemencements d'automne ont beaucoup souffert. L'avoine est sensible aux gelées ; les verglas surtout lui portent un grand préjudice. C'est pour cela que, dans quelques pays on ne brise pas les mottes après l'ensemencement, parce que, disent les cultivateurs, elles servent d'abris à l'avoine contre les frimas.

L'avoine est sujette à une maladie qui a beaucoup d'analogie avec la carie du froment. Jusqu'à ce moment, la cause de cette maladie est ignorée. On l'attribue le plus communément à certaines influences de l'air. Quelques expériences faites pour la prévenir n'ont produit aucun résultat.

Maïs ou *Blé de Turquie.*

La culture du maïs est peu connue dans beaucoup de départements. Elle demande beaucoup de soins, une terre bien fumée et de bonne qualité, pour donner des produits avantageux. Nous en reparlerons à propos des fourrages verts, parce que, envisagé sous ce rapport, le maïs offre de grandes ressources pour la nourriture des bestiaux pendant les mois de juillet et d'août, époque à laquelle les autres fourrages viennent souvent à manquer.

Mil ou *Millet.*

La culture du mil est à peu près la même que celle du blé-noir, quant à la préparation du sol et à l'époque de l'ensemencement. Le mil se plaît dans les terrains chauds, secs et légers. Les climats sujets aux gelées, les terres fortes et argileuses, les sols humides et froids, ne sauraient lui convenir.

Telles sont, mes amis, les courtes instructions que je désirais vous donner sur les ensemencements en général, et sur la culture des céréales les plus usitées et aussi les plus importantes. Souvenez-vous surtout de la notice sur le chaulage du froment, que je recommande à toute votre attention ; la carie du froment est un fléau contre lequel nous devons réunir tous nos efforts.

Maintenant, pour terminer notre veillée, nous allons nous entretenir des prairies naturelles et des soins qu'elles exigent. Cette matière mériterait sans doute de plus longs développements que ceux qu'il nous sera possible de lui donner ; mais le temps ne nous permet pas d'entrer dans des détails trop étendus.

Des Prairies naturelles.

Les prairies naturelles sont destinées à produire les fourrages secs pour l'hiver. Le foin est pour les bestiaux, dans cette saison de l'année, ce que sont, pendant le printemps et l'été, les fourrages verts recueillis dans les prairies artificielles dont nous parlerons à notre prochaine réunion ; on ne doit donc rien négliger pour en augmenter la quantité et la qualité.

Outre le choix qu'un bon cultivateur doit faire des semences et du terrain les plus propres à la formation des prairies, ce genre de culture demande des soins particuliers, de la nécessité desquels on ne se pénètre pas assez. A voir la négligence de la plupart des cultivateurs, on serait tenté de croire que les prairies ne sont pour eux que d'une utilité très-secondaire. Comme vous ne partagez sans doute pas cette opinion, voyons donc quelles sont les conditions d'une bonne prairie.

Les terres fortes et argileuses, celles qui, par leur position, peuvent recevoir les eaux et conserver plus de fraîcheur, sont les plus propres à former des prairies ; aussi choisit-on habituellement pour cette destination les terrains qui bordent les ruisseaux ou les rivières. Les lieux élevés, les sols légers et sablonneux doivent être réservés pour d'autres cultures. Un cours d'eau, que l'on peut diriger sur une prairie, est un trésor pour le cultivateur qui sait en tirer parti.

Toutes les eaux cependant ne sont pas également bonnes ; les plus mauvaises sont celles qu'on nomme vulgairement *eaux crues;* elles contiennent un sel (la sélénite), qui est défavorable à la végétation, que souvent elles retardent, en refroidissant le sol qu'elles arrosent. Il y a un moyen bien simple de les améliorer, qui consiste à creuser un réservoir dans lequel on dépose de temps en temps des fumiers ; en faisant séjourner l'eau dans ce réservoir avant de l'envoyer sur la prairie, elle se charge des parties solubles du fumier, et perd, par là, sa crudité. Les eaux les meilleures sont celles qui portent avec elles le plus de parties animales ou végétales dissoutes ; aussi les nomme-t-on *eaux grasses;* telles sont les eaux savonneuses, les eaux de rouissage, celles qui, passant près des habitations, entraînent avec elles des urines et des déjections animales.

Si, dans les prairies, l'humidité est indispensable, la trop grande abondance en devient souvent funeste. Les eaux croupissantes sont un fléau dont un cultivateur intelligent doit savoir se garantir. Il ne doit jamais perdre de vue qu'après avoir donné à la prairie une quantité d'eau suffisante pour l'entretenir dans un état d'humidité nécessaire à la végétation , la surabondance de l'eau doit s'écouler ; nous allons parler tout-à-l'heure des divers systèmes d'irrigation, et dire comment doivent être disposés les canaux.

Une bonne prairie doit présenter une surface unie , conservant une pente égale et régulière depuis la partie la plus élevée à la partie la plus basse. On doit en faire disparaître toutes les buttes , toutes les inégalités , dont la terre servira pour exhausser les endroits où l'eau peut séjourner et croupir. Un bon procédé pour enlever les buttes, consiste à les détacher du sol, tout autour, au moyen d'une fourche courbe ; une fois renversée, on enlève toute la terre, et on replace le gazon qu'on foule alors, et qui ne souffre pas de cette opération. Elle se fait à l'automne ou au printemps, avant la pousse des herbes.

Toutes les plantes, quelles qu'elles soient, ont besoin d'être alimentées , et le défaut d'engrais nuit autant aux prairies qu'aux autres cultures. Les engrais liquides sont particulièrement convenables, et surtout le purin, qui fertilise d'une manière remarquable les endroits élevés, sur lesquels on ne peut diriger les eaux. Viennent ensuite les engrais pulvérulents, la chaux , le plâtre , la poudrette, les terreaux et vases de mer, les cendres et charrées que j'aurais peut-être dû mettre en première ligne, par la propriété qu'elles ont de favoriser le développement du *petit trèfle.*

Les engrais ont pour effet de faire disparaître le jonc et la mousse, dont le premier croît dans les parties humides, et l'autre dans celles qui sont privées d'humidité. Pour détruire le jonc, la première précaution est de pratiquer des écoulements ; elle doit toujours précéder l'application des engrais.

Lorsque la mousse résiste à l'emploi des engrais, il n'y a pas d'autre parti à prendre que de labourer la prairie, d'y cultiver d'abord des pommes de terre ou des choux ; puis une céréale, et enfin de l'ensemencer en trèfle pour la convertir de nouveau en prairie. Vous comprenez bien que cela ne pourrait pas avoir lieu dans les prairies qui, chaque année, sont couvertes d'eau par les inondations. Ce ne sont pas aussi de celles-là que nous voulons parler en vous indiquant les procédés suivants relatifs à l'arrosement.

On a demandé quel était le meilleur système d'arrosement, celui par *filets* ou celui par *nappes* d'eau ?

L'arrosement par *filets* est celui qui distribue l'eau, au moyen de petites rigoles, dans différentes parties de la prairie, où elle s'infiltre à travers les terres.

L'arrosement par *nappes* consiste à réunir les eaux dans un réservoir, et à les maintenir à un niveau au-delà duquel elles s'échappent en même temps, de manière à couvrir une grande surface. Ce dernier procédé est incontestablement supérieur à l'autre, toutes les fois que la disposition naturelle du terrain permet de l'exécuter. L'eau se répandant ainsi par nappes, porte également par toute la prairie les parties limoneuses et fertilisantes qu'elle tient en suspension ; tandis que, par l'irrigation par filets, quelques parties seulement en profitent, et les autres en sont privées.

Quel que soit le cours d'eau dont on peut disposer, il ne faut pas négliger de distribuer ses canaux de telle sorte qu'au moyen de barrages on puisse élever successivement le niveau de l'eau dans toutes les parties. Ces barrages sont peu dispendieux, et nous ne saurions trop en recommander l'usage, trop peu répandu. C'est en partie à cette méthode que les cultivateurs de la Normandie et de la Beauce doivent la fertilité si extraordinaire de leurs beaux pâturages.

La distribution des canaux doit encore être telle qu'on puisse, selon le besoin et la saison, arroser la prairie ou la dessécher. Ainsi, je suppose une prairie dans la forme suivante :

Haut-cours d'eau.

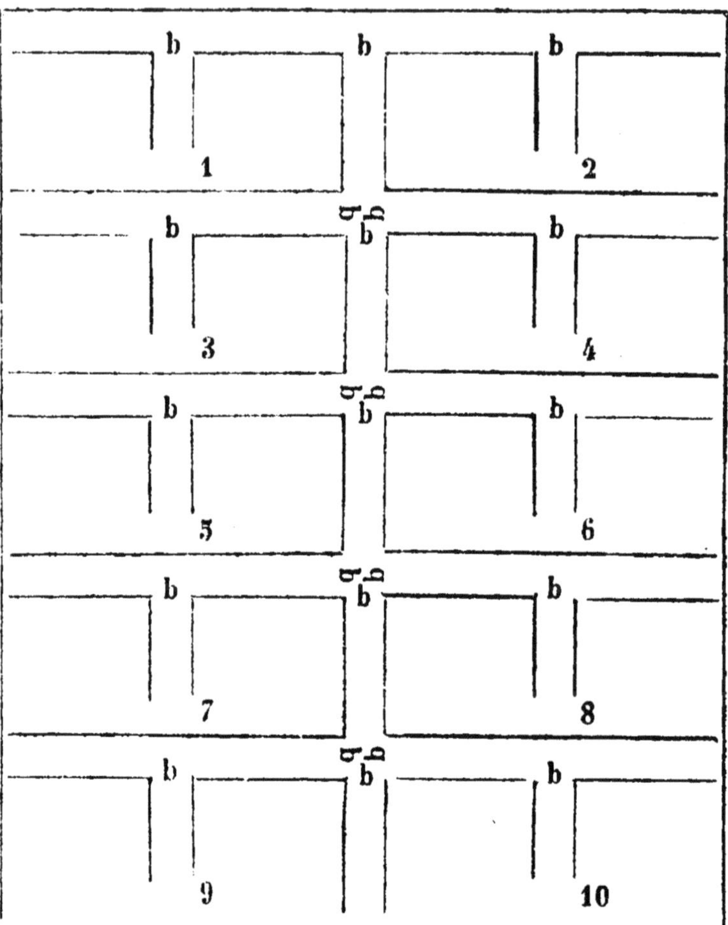

A chaque point marqué d'un *b* pourrait être
placé un barrage, que l'on fermerait ou que l'on
ouvrirait à volonté, pour laisser à l'eau la faculté de circuler dans les canaux et de se ré-

pandre par nappes sur les pièces de gazon indiquées par les numéros, puis de s'écouler convenablement de manière à ne séjourner dans aucune portion de la prairie.

Enfin, mes amis, les plantes les plus propres à former les prairies naturelles sont : les *fétuques rouges des prés*, *loliacés*, les *agrostis*, la *fléole des prés*, la *flouve odorante*, les *paturins*, le *ray-grass*, la *lupuline*, ou *petit trèfle jaune*, celui-là même dont le développement est si considérable par l'emploi des cendres; le *vulpin des prés*, et la *cretelle*, qui convient particulièrement aux prairies élevées et aux sols secs.

A notre prochaine veillée, nous commencerons à examiner ce qui a rapport aux prairies artificielles.

NEUVIÈME VEILLÉE.

PRAIRIES ARTIFICIELLES. — Leur utilité sous le rapport des engrais. — Augmentation de bétail. — Objections de deux cultivateurs. — De la luzerne. — Ses avantages, - sa culture, - ses inconvénients. — Foin de luzerne. — Procédé pour le récolter dans les temps humides. — Récolte de la semence de luzerne.

Malgré le froid qui commençait à devenir piquant, personne ne manquait au rendez-vous, et l'on s'entretenait de ce qui avait fait le sujet de la dernière réunion. L'instruction de Jérôme sur le moyen de préserver les blés de la carie, était venue très à propos. Aucun des amis de notre cultivateur n'avait omis de *chauler* sa semence, et comme ses conseils avaient toujours été accompagnés d'une réussite complète, quand on les avait exactement suivis, aucun ne doutait du bon résultat qu'aurait cette opération à la prochaine récolte. Il s'éleva un petit débat sur le mode des labours ; Julien persistait à préférer les sillons, et il apportait pour motif que sa terre était trop forte pour la mettre en planches. Jean-Marie maintenait que ce dernier système était préférable, d'autant plus qu'il s'accommodait mieux avec l'emploi de l'*araire*, ou charrue Dombasle, qu'il avait eue avec prime de moitié de son prix de vente, ayant été, parmi les petits cultivateurs, l'un des premiers à l'avoir adoptée dans sa commune, et qu'il trouvait une énorme différence dans la qualité du labour fait avec cet instrument, comparé à celui qu'il exécutait avec son ancienne charrue.

Hippolyte s'était empressé d'aller pratiquer des canaux dans sa prairie qui, en deux jours, s'était complétement dénoyée ; et déjà elle avait repris un aspect de fertilité qu'elle n'avait pas eu depuis long-temps. Enfin, le petit Ollivier avait passé toute une journée à tuer des charançons qui fuyaient de toutes parts le long des murs du grenier, parce qu'il avait mis des oignons dans les tas de grains qu'il avait retournés, avec la pelle frottée et bien imprégnée du jus de cette plante.

Jérôme, que des soins à donner à une de ses vaches, qui était *météorisée,* avaient retenu quelques instants, arriva et ouvrit la séance.

Point de bonne agriculture sans engrais, dit-il alors à ses amis; savoir en augmenter la masse, c'est trouver la clef de toute la science agronomique, et c'est sous ce premier point de vue que j'envisagerai les prairies artificielles ; je vous démontrerai ensuite leur utilité sous le rapport de l'amélioration qu'elles apportent à la nature même du sol.

Lorsque je vous ai engagés à supprimer les jachères, en vous démontrant leur inutilité comme pâturages, je vous ai promis de vous indiquer les moyens de les remplacer avec avantage. Le premier, c'est l'établissement des prairies artificielles.

On nomme *prairies artificielles,* des champs ensemencés de plantes destinées, soit à être données en vert aux bestiaux, soit à être fanées et conservées comme fourrage sec pour l'hiver, et augmenter ainsi la provision de foin recueilli dans les *prairies naturelles.*

Pour bien concevoir toute l'importance des prairies artificielles, rappelez-vous ce que je vous ai dit des avantages d'une nourriture saine, abondante et substantielle donnée à vos bestiaux. Ces avantages, vous les trouverez tous dans cette culture. Au lieu de conduire vos bestiaux dans des pâturages stériles, et sans cependant les priver d'un exercice salutaire et même indispensable, fournissez-leur à l'étable une quantité suffisante d'aliments sains et bien nourrissants, n'en résultera-t-il pas une augmentation de produits et d'engrais? Si, au lieu de dix vaches, vous pouvez, sur la même exploitation, en avoir quinze ou dix-huit, n'y aurez-vous pas un énorme bénéfice? Eh bien! les prairies artificielles vous procureront tout cela.

Lorsque vos bestiaux sont à la pâture depuis le matin jusqu'au soir, comme c'est l'ordinaire dans les jours tempérés du printemps et de l'automne, ils ont bientôt brouté tout ce qui s'y trouve d'herbe, et la masse de vos fumiers n'en augmente pas : au contraire, l'engrais qu'ils y déposent est presque entièrement perdu: souvent ils rentrent à l'étable à la fin de la journée avec un appétit dévorant, que n'a fait qu'accroître l'exercice qu'ils ont fait pour chercher inutilement une mauvaise nourriture. Vos vaches alors tarissent, et leur maigreur atteste la diète sévère à laquelle vous les condamnez. Vous êtes obligés, pour ne pas les laisser mourir de faim, d'entamer de bonne heure à l'automne vos provisions d'hiver, et au printemps vous n'avez plus rien à leur donner.

Avec les prairies artificielles, vous ne laisserez vos bestiaux dehors que pendant le temps nécessaire pour qu'ils fassent un exercice modéré ; rentrés à l'étable, ils y trouveront, selon les climats et les saisons, du trèfle incarnat, du trèfle ordinaire, de la luzerne, du sainfoin, du ray-grass, etc., que vous aurez eu la précaution de faire mettre dans la mangeoire, et les produits qu'ils vous donneront seront doubles de ceux que vous avez avec vos jachères et vos pâtures ; presque aucune partie de vos engrais ne sera perdue ; vos réservoirs à purin se rempliront plus promptement, et vos bestiaux seront en meilleur état. Peut-être n'est-il pas trop convenable de comparer l'homme aux animaux ; mais cependant remarquez la différence qui existe entre l'état de santé, de force, d'embonpoint de l'homme qui mange à sa faim et à des repas réglés qu'il trouve toujours prêts, une nourriture proportionnée à ses besoins, et celui du pauvre diable que la faim travaille, et à qui la pitié donne de loin en loin un morceau de pain qu'il est souvent obligé d'aller quêter à plus d'une porte !

Je viens de vous dire que les prairies artificielles vous donneront la faculté d'augmenter ie nombre de vos bestiaux, sans que votre exploitation soit plus considérable; je vais vous le démontrer :

Lorsque vous n'avez à donner à vos bestiaux que l'herbe des jachères avant la fauche, ou celle des prairies naturelles après cette époque, et que l'on appelle le *regain*, que votre récolte de foin est peu abondante; vous êtes obligés de proportionner le nombre de vos bestiaux à cette petite quantité de nourriture. Remplacez les deux tiers de vos jachères ou seulement un tiers par des ensemencements de plantes fourragères, que vous couperez les unes une fois seulement, comme le trèfle incarnat; les autres, trois, et souvent quatre fois depuis le mois d'avril jusqu'à la fin de septembre. Ayant alors pendant ces six mois plus du double de nourriture, vous pouvez augmenter dans la même proportion le nombre de vos bestiaux, qui vous donneront aussi le double de produits et d'engrais. — Je comprends parfaitement cela pour la moitié de l'année, dit Pierre; mais, lorsque nous nous serons ainsi chargés d'une grande quantité de bestiaux, qu'en ferons-nous l'hiver, où nous n'aurons pas la ressource des prairies artificielles? Ce que nous en avons déjà est plus que suffisant pour consommer tout notre foin; il nous faudra donc les vendre à bas prix, alors où sera le bénéfice?

— Cette observation est très-juste, mon vieil ami, répondit Jérôme, et je concevrais tout votre embarras, si vous deviez vous borner à la culture des plantes qui forment les prairies artificielles. Après vous avoir démontré les moyens d'augmenter le nombre de vos bestiaux pendant l'été, je vous indiquerai ceux que vous devez employer pour les bien nourrir pendant l'hiver, mais n'anticipons pas ; d'ailleurs comptez-vous pour rien tout ce qu'un plus grand nombre de bestiaux vous aura donné de profits pendant six mois ; le lait et le beurre de douze vaches , par exemple, au lieu de six ; le nombre de veaux que vous aurez vendus ; les porcs et les bœufs que vous aurez engraissés ; le fumier qu'ils vous auront fourni, et tant d'autres avantages qui vous indemniseraient bien au-delà de la perte que vous éprouveriez sur la vente de quelques têtes de bétail, si toutefois vous étiez dans la nécessité d'en vendre et que vous y perdissiez quelque chose ? Dussiez-vous être dans ce cas, vous y gagnerez encore beaucoup ; ainsi ne vous effrayez pas, et revenons à ce que je vous disais : Vous comprenez bien tous qu'ayant plus de nourriture vous pouvez avoir plus de bestiaux ; cela n'a pas besoin de développements, et c'est le premier avantage que vous procureront les prairies artificielles.

— Je conçois parfaitement, Jérôme, lui dit

Joseph, qu'il serait beaucoup plus utile pour nous d'accroître ainsi la quantité de nourriture à donner à nos bestiaux ; mais, pour faire, comme vous le dites, des prairies artificielles, il faut fumer la terre que nous y destinerons; et, comme les engrais nous manquent, c'est le commencement qui m'embarrasse ; car nous n'avons pas le moyen d'acheter des engrais. Ah ! si j'avais de la fortune comme j'ai de la bonne volonté, vous ne verriez pas un de mes champs en jachère. Et puis vous nous avez parlé de trèfle incarnat, de trèfle ordinaire, de luzerne, de ray-grass ; est-ce que nous pouvons choisir indifféremment l'une ou l'autre de ces plantes ?- Prospèreront-elles également dans tous les terrains ? Offrent-elles toutes les mêmes avantages.

— Vos questions se pressent avec rapidité, mon ami, reprit Jérôme ; j'en suis charmé, et je vais y répondre. Vous déplorez d'abord votre peu de fortune, qui n'est pas en rapport avec votre désir d'améliorer et la bonne volonté que vous témoignez ; avec de la prudence et une sage économie on peut tout concilier.

Commencez par mettre en prairies artificielles une petite partie de vos terres, l'année suivante vous augmenterez jusqu'à ce qu'enfin vous puissiez convertir de la sorte la majeure partie de vos jachères ; mais n'entreprenez pas de tout faire dès la première année , ce serait le moyen de ne rien faire de bien. En augmentant progressivement la quantité de vos prairies artificielles et le nombre de vos bestiaux, vous vous apercevrez à peine du surcroît de dépenses que cela vous occasionnera , et les bénéfices viendront peu à peu accroître votre richesse.

Les diverses plantes que je vous ai désignées, ne viennent pas également bien dans tous les terrains. Le climat, l'exposition et la nature du sol influent beaucoup sur leur durée et leur végétation. Je vais, à cet égard, entrer dans quelques détails sur chacune d'elles, sans prétendre vous donner cependant des règles certaines sur le choix que vous devez faire. L'expérience est en cette matière le meilleur guide que vous puissiez suivre , et c'est un motif de plus de vous engager à faire des essais; mais à les faire en petit , afin de vous éviter des pertes trop considérables , et qui pourraient vous décourager, si la réussite ne répondait pas à votre attente.

Luzerne.

Parmi les plantes dont on peut former les prairies artificielles, celle qui vient en première ligne, c'est la luzerne.

5

Un savant botaniste (Tournefort) décrit ainsi cette plante :

« La luzerne est une plante vivace, qui
» pousse des tiges à la hauteur de deux pieds,
» rondes, droites, assez grosses et rameuses.
» Ces feuilles sont rangées trois à trois comme
» celles du trèfle; ses fleurs sont légumineuses,
» de couleur purpurine, soutenues par des ca-
» lices dentelés. Lorsque ces fleurs sont passées,
» il paraît des fruits composés chacun de deux
» lames, qui, jointes par les bords, font une
» bande roulée et couchée sur elle-même comme
» le pas d'un tire-bourre. On trouve entre ces
» deux lames des semences menues, qui ont la
» figure d'un petit rein. Elle produit une racine
» ligneuse, pivotante, plus ou moins longue,
» suivant que le fonds est facile à percer. »
(*Histoire des Plantes.*)

Cette plante est, au dire de tous les auteurs, une des meilleures nourritures que l'on puisse donner aux chevaux, ânes, mulets, bœufs, vaches et moutons.

Les prairies artificielles ensemencées en luzerne durent plus long-temps que les autres; mais aussi elles sont beaucoup moins vîte en plein rapport. Ce n'est qu'au bout de trois années qu'elles donnent un produit abondant, c'est pour cela qu'elles conviennent moins que celles ensemencées en trèfle dans l'assolement alterne

Il ne faut cependant pas les négliger, surtout dans les grandes exploitations.

La culture de la luzerne demande un sol profond, bien fumé, et une terre légère. Elle ne réussit pas dans les terrains argileux et mouillés ; le sol sablonneux est celui dont elle s'accommode le mieux, pourvu qu'il soit riche en sucs nutritifs. La racine de la luzerne descend ordinairement à une assez grande profondeur, et périt, si elle rencontre la terre glaise pure ou l'eau.

Cette plante nuit aux arbres, comme les arbres lui nuisent; aussi a-t-on coutume de la semer de préférence dans les plaines.

La terre que l'on destine à un ensemencement de luzerne, doit être préparée par plusieurs labours, et plusieurs mois à l'avance. Plus elle sera ameublie, plus vous pourrez compter sur la réussite. L'emploi de la herse pour bien diviser le sol, et du rouleau pour écraser les mottes, produit le meilleur effet. Employez surtout et en abondance du fumier bien consommé.

La luzerne se sème depuis la fin de mars jusque dans le courant de mai ; il faut la répandre sur la terre à la volée, et plutôt drue que claire. Soixante livres de graines suffisent pour ensemencer convenablement un hectare. On recouvre la semence en passant sur la terre une herse légère ou simplement un faisceau d'épines, puis le rouleau. On peut à la rigueur se dispenser de cette dernière opération; cependant, je vous conseillerai de ne pas l'omettre, parce que la graine, mieux tassée, lève plus également lorsque le sol est plus uni et un peu affermi. C'est le matin, à la rosée, ou lorsqu'il y a du brouillard, et par un temps calme, qu'il faut semer la luzerne : le grand vent, comme l'ardeur du soleil, nuisent beaucoup au développement du germe.

Lorsque vous donnerez la luzerne en vert à vos bestiaux, évitez qu'elle soit mouillée de rosée ou de pluie, dans la crainte de leur occasionner des tranchées venteuses, qui produisent ce que l'on nomme la *météorisation* ou *enflure*. La même précaution doit être prise pour le trèfle. Comme les accidents de cette nature sont fréquents, je vous indiquerai les moyens d'y remédier en vous parlant des diverses maladies qui affectent le plus souvent les vaches et autres animaux domestiques.

La luzerne doit être donnée avec modération, surtout lorsqu'on la coupe avant que les boutons à fleurs paraissent, parce qu'alors elle purgerait trop vos bestiaux. Pour les accoutumer à cette nourriture, commencez à leur en donner seulement une fois le jour en petite quantité, en augmentant la ration progressivement, sans

que jamais elle excède plus de huit à dix livres
par chaque ration. Il serait dangereux d'en donner davantage. La luzerne fournit beaucoup de
sang, et la suffocation pourrait être la suite d'une
trop grande abondance.

Enfin, mes chers amis, la luzerne fait un
excellent fourrage sec pour l'hiver, et peut
même se conserver plusieurs années sans perdre sa qualité, lorsqu'elle a été fauchée et fanée
à un degré de maturité suffisant. Je vais, à cet
égard, vous donner quelques indications.

Pour faire de bon foin de luzerne, n'attendez pas qu'elle soit parfaitement mûre, comme
on le fait communément, quoique à tort, pour
le foin des prairies naturelles ; saisissez l'instant
où les boutons à fleurs commencent à se développer, et faites-la faner plutôt à l'ombre qu'au
soleil, en ayant soin de la sécher le plus promptement possible, et de la retourner souvent.
Mise en meules avant d'être entièrement desséchée, elle s'échauffe facilement et pourrit.
Voici un moyen d'éviter cet inconvénient, lorsque la pluie venant à tomber retarderait la coupe
de votre luzerne et nuirait à la qualité du fourrage : faites avec des perches ou gaules un échafaudage élevé à six ou huit pouces au-dessus du
sol. Placez dessus votre luzerne en formant un
cercle, de manière que le milieu reste vide, à
quelque hauteur que vous éleviez ce que j'ap-

pellerai, pour que vous me compreniez bien, vos murailles de luzerne. L'air pénétrant dans l'intérieur en passant sous l'échafaudage, empêchera la luzerne de fermenter et la conservera saine pendant assez de temps pour que les pluies cessent, et que vous puissiez étendre votre fourrage pour achever de le sécher. Ce procédé, bien simple, peut s'appliquer à tous les foins. Il y a long-temps qu'il est connu et mis en pratique dans quelques parties de la France. Je vous engage, mes chers amis, à l'adopter vous-mêmes; vous y trouverez l'avantage d'avoir toujours de bon foin, même dans les années pluvieuses.

Je dois, en terminant cette courte instruction sur la culture de la luzerne, vous dire quand vous devez en recueillir la graine. Cette récolte est une opération bien importante, parce que cette semence est toujours d'un prix assez élevé.

Il faut choisir, pour cela, l'époque à laquelle le champ que vous avez ainsi ensemencé offre la végétation la plus belle. C'est ordinairement lors de la seconde coupe de la troisième année.

Lorsque la graine de luzerne est mûre, ce que l'on reconnaît en voyant les gousses ou lames qui la contiennent se dessécher et s'entr'ouvrir, on fauche la plante par le pied, ou on se contente de couper la tête des tiges. On les expose alors au soleil pour forcer les lames à s'ouvrir, puis on les bat avec des fléaux, ou on les froisse entre les mains , parce que les graines se détachent difficilement de leur enveloppe.

Après cette opération, et quand la graine est nettoyée, gardez-vous bien de la mettre en monceaux dans vos greniers; il faut qu'elle soit étendue et remuée souvent, jusqu'à ce qu'elle soit parfaitement sèche ; autrement, elle germerait et serait perdue.

Les tiges de luzerne qui ont produit la graine, quoique dures et peu nourrissantes , doivent être coupées immédiatement après la récolte ; en les laissant, elles nuiraient à la pousse de la troisième coupe. Ce que vos bestiaux ne mangeront pas servira pour la litière.

Ne permettez le pâturage à vos bestiaux dans les prairies de luzerne que vers le mois de novembre, si vous voulez les conserver pendant plusieurs années en bon rapport.

Ainsi que vous le verrez dans la prochaine veillée, il y a beaucoup de ressemblance entre la culture de la luzerne et celle du trèfle commun. Cette dernière plante ne le cède en rien dans son utilité, à celle dont nous nous sommes spécialement occupés aujourd'hui. Peut-être même, dans certains cas, peut-elle être considérée comme plus avantageuse.

DIXIÈME VEILLÉE.

Je vous ai parlé, dans la dernière veillée, mes bons amis, dit Jérôme, de la luzerne, de sa culture et de ses avantages; aujourd'hui nous allons nous occuper des diverses espèces de trèfles.

Les plus cultivées sont le *trèfle commun* et le *trèfle incarnat.* Nous commencerons par le trèfle incarnat, parce que les autres espèces ont entre elles plus de rapports pour la culture et la durée.

Trèfle incarnat.

Cette plante que l'on nomme aussi *trèfle rouge, trèfle farouche*, est encore à peine connue comme fourrage dans une grande partie des départements de la France. On croit qu'elle fut introduite d'Espagne en France il y a environ 20 ans, par M. Marteville, maire d'Evran. Les Trappistes de l'Abbaye de Meilleray la cultivèrent ensuite, et des jardiniers bretons en ont élevé en pots et vendu comme objet de curiosité sous le nom de *Trèfle de la Trappe.*

Le trèfle incarnat est une plante légumineuse du plus bel aspect ; ses tiges grasses et rameuses, son feuillage épais et nourri, sa fleur d'un beau rouge formant un chaton de la longueur de 7 à 8 centimètres, l'ont fait cultiver comme plante d'agrément avant qu'on la cultivât comme fourrage. Le trèfle incarnat s'élève souvent à la hauteur de 70 à 80 centimètres, et quelquefois plus.

On sème le trèfle incarnat depuis le 15 août jusque vers le 15 septembre, immédiatement après la récolte du froment, du seigle ou de l'avoine. Plus on le sème tôt, plus il est précoce au commencement du printemps suivant. Il faut que le trèfle incarnat ait acquis déjà de la force avant que les gelées viennent le saisir; car il est sensible au froid dans sa jeunesse; et, en le semant trop tard, on s'expose à compromettre l'espoir de la récolte que l'on doit en attendre. Que le laboureur se hâte donc et qu'il mette la charrue dans son champ aussitôt qu'il est dépouillé du chaume sur lequel reposait, quelques jours auparavant sa brillante moisson. Qu'il se garde, au milieu de l'abondance, de se laisser aller à une molle inaction qui lui serait funeste; le temps du repos n'est pas encore arrivé! que dis-je ? il n'arrive jamais pour l'homme intelligent et laborieux ; chaque jour amène des occupations nouvelles et des travaux toujours renaissants. Heureux le cultivateur qui sait mettre le temps à profit !

Le labour donné à la terre pour l'ensemencement du trèfle incarnat doit être, en raison de sa nature, plus profond, quand elle est argileuse et forte ; plus léger, lorsque le sol est sablonneux ou calcaire. Les terrains trop humides ne sont pas propres à la culture du trèfle incarnat, ou bien il faut pratiquer de profondes saignées, afin que l'eau n'y séjourne pas.

Dans les terres légères, on peut se dispenser de donner un labour à la charrue ; souvent un simple hersage, exécuté à propos sur l'*écot* de froment, suffit, et même est plus avantageux.

Après avoir bien ameubli la terre par l'emploi de la herse, et brisé toutes les grosses mottes avec le rouleau, on sème à la volée et le plus également possible la graine de trèfle incarnat, dans la proportion de 50 kilogrammes par hectare environ. Dans les terres sablonneuses et calcaires, il est à propos de passer encore le rouleau après la semaille, et, dans les terres plus fortes, une herse légère ou simplement un faisceau d'épines, afin que la graine pénètre bien dans le sol et y germe plus facilement.

Arrive le mois d'avril ; c'est alors que le laboureur recueille les fruits de son travail et de sa prévoyance. Une nourriture abondante et saine pour son bétail tombe sous la faux , pendant que beaucoup d'autres sont réduits à diminuer considérablement les rations du fourrage d'hiver presque entièrement consommé dans cette saison, ou se voient forcés de vendre à bas prix une partie de ces mêmes bestiaux qui font la richesse du cultivateur.

Le trèfle incarnat est , comme toutes les plantes que l'on confie à la terre, exposé à des chances ; les irrégularités dans les saisons , les variations dans la température, un hiver plus ou moins rigoureux, l'époque inopportune de l'ensemencement, le plus ou le moins de soins donnés à la préparation de la terre , la qualité de la graine, et bien d'autres accidents peuvent contrarier la réussite du trèfle incarnat comme celle de tous les genres de culture. Il ne faut donc pas se décourager , si l'on échoue dans un premier essai, ou bien il faut cesser d'être cultivateur.

Oh ! la belle plante que le trèfle incarnat, s'écria Auguste, j'en ai vu un champ tout entier au dernier printemps, lorsque je revenais de Nantes, où j'étais allé voir mon frère, qui est jardinier. On eût dit que c'était un superbe tapis de velours. Mais, dites donc, maître Jé-

rôme, est-ce qu'on le sème sans y mettre d'engrais, et le coupe-t-on plusieurs fois comme
le trèfle ordinaire que vous avez enfoui tout
grand?...

Mon ami, répondit Jérôme, il n'est pas éton-
nant que vous en ayez vu un champ tout entier, et, avant peu, il faut l'espérer, ce ne sera
pas chose rare. Pour répondre à votre première
question, si la terre a été suffisamment fumée
lors de l'ensemencement qui a précédé celui du
trèfle incarnat, on peut se dispenser d'y mettre
de l'engrais. Cependant, pour obtenir une végétation plus forte et d'un meilleur produit, je
vous conseillerai de couvrir votre trèfle incarnat
d'une légère couche de fumier bien consommé,
quand viendront les glaces, vers le mois de
décembre. Les engrais pulvérulents, tels que *la
chaux*, *le plâtre*, *les terreaux* bien mûrs, *les
cendres et charrées*, *le noir animal*, répandus
sur le trèfle incarnat vers la mi-mars, font encore un très-bon effet.

Le trèfle incarnat ne se coupe pas trois et
quatre fois comme le trèfle commun. Habituellement même, on ne le coupe qu'une fois. On a
été jusqu'à croire qu'il ne repoussait pas après
une première coupe. C'est une erreur qu'il
importe de détruire; mais voici comment on
peut obtenir une double récolte, écoutez-moi
bien :

Si vous attendez pour couper votre trèfle incarnat qu'il soit en pleine fleur, alors certainement vous n'aurez qu'une coupe. Si, au contraire, vous le coupez avant qu'il soit en fleurs, et qu'après cela vous ayez le soin de l'arroser avec *le purin*, ce précieux engrais dont je vous ai parlé, votre trèfle incarnat repoussera, non pour vous donner une récolte aussi abondante en fourrage, mais pour vous fournir une quantité considérable de graines dont vous tirerez un bon parti.

En supposant que vous ne coupiez votre trèfle incarnat qu'une fois, remarquez, mes amis, combien sa culture est avantageuse; car c'est précisément ce que l'on regarde comme un défaut dans le trèfle incarnat, qui nous le fait, à nous, trouver plus précieux; nous tenons compte, en effet, de la place qu'il occupe dans l'assolement.

Le trèfle incarnat n'occupe la terre que pendant le temps où, suivant l'usage général, on la laisse vide de tout ensemencement, depuis la récolte d'automne jusqu'à l'instant des semailles de printemps, et c'est sur ce point que nous appelons toute votre attention. Nous ne saurions trop le répéter : semé en août ou au commencement de septembre, aussitôt après la récolte du blé, le trèfle incarnat est bon à couper en avril; immédiatement après, on peut remplir la terre qui l'a porté, soit en sarrasin, soit en betteraves-disettes, soit en maïs ou en colza. S'il fallait supprimer ou seulement retarder un ensemencement ordinaire, pour cultiver cette espèce de fourrage, nous insisterions moins sur les avantages qu'il procure; mais, en le faisant entrer dans l'assolement, en l'intercalant entre deux récoltes, le cultivateur en retire un bénéfice considérable, puisque, sans déranger l'ordre de ses ensemencements accoutumés, il trouve le moyen de fournir à ses bestiaux une excellente et abondante nourriture dans le temps où les fourrages deviennent le plus rares, ce que je considère comme infiniment précieux.

Le trèfle incarnat offre en outre l'avantage d'améliorer la terre et de la nettoyer d'une grande quantité de mauvaises herbes, cela se conçoit facilement : le labour donné à la terre pour l'ensemencement de ce trèfle, fait croître beaucoup de plantes dont les graines se sont répandues sur le sol à l'époque de la maturité du blé; une partie est étouffée par la végétation même du trèfle, et l'autre étant coupée avant que la graine ait pu mûrir, il en résulte que la terre s'en trouve naturellement purgée, et que la récolte suivante en est plus nette et plus propre.

Si vous voulez conserver une partie de votre trèfle incarnat comme fourrage sec, suivez la méthode que je vous ai indiquée pour le foin de luzerne, et surtout n'attendez pas qu'il soit parvenu à une complète maturité, parce qu'alors il perdrait toutes ses feuilles, et les tiges devenues trop dures ne fourniraient aux bestiaux qu'un mauvais aliment. Souvenez-vous aussi que la culture du trèfle incarnat ne dispense pas de celle des autres, mais elle doit lui servir d'accompagnement : voyons donc maintenant ce qui regarde le trèfle commun.

Trèfle commun.

Le trèfle commun (*trifolium pratense purpureum*), que dans quelques pays on nomme *trémenne*, est de toutes les plantes fourragères, celle dont la culture entre le plus aisément dans le système de l'assolement alterne. Il n'y a pas encore beaucoup d'années que, dans plusieurs contrées de la France, on a commencé à cultiver en grand le trèfle commun, et l'on peut dire que c'est un des progrès les plus avantageux qu'ait faits l'agriculture. L'utilité du trèfle commun est généralement reconnue aujourd'hui, et si quelques pays ne l'ont pas encore adopté, ils ne tarderont pas sans doute à le faire. Il ne s'agit donc plus que d'indiquer la place que cette culture doit tenir dans l'assolement.

Il est peu de terres dont le trèfle ne s'accommode, pourvu qu'elles contiennent suffisamment de sucs nourriciers. Celles qui paraissent lui convenir plus particulièrement, sont les terres argileuses et profondes.

On peut semer le trèfle soit au printemps, soit à l'automne; mais la première saison est préférable, parce que dès l'automne suivant on obtient une coupe, quoiqu'elle ne soit pas très-abondante. Il est encore une autre raison qui doit engager le cultivateur à semer le trèfle commun au printemps, et réserver l'automne pour le trèfle incarnat; c'est que l'on peut, je dirai même que l'on doit semer parmi le trèfle quelques céréales, tels que l'orge, le sarrasin ou l'avoine.

Vous avez en cela double avantage, d'abord celui d'avoir deux récoltes, en second lieu d'assurer votre trèfle contre les gelées qui souvent le dévorent. Le trèfle et les céréales semés ensemble se prêtent un mutuel appui, et ne se nuisent pas, parce que l'un, dont la racine est pivotante, va chercher sa substance à une bien plus grande profondeur que les autres qui ne se nourrissent que des sucs contenus à la surface de la terre. Le trèfle se plaît à l'ombre, et les céréales le protègent contre les ardeurs du soleil; tandis que lui-même conserve au pied de ces céréales une fraîcheur qui rend leur végétation plus active et plus belle. Ainsi, mes amis, voulez-vous augmenter votre richesse ? A tous vos ensemencements du printemps , mêlez le trèfle sans crainte! Cette méthode que j'ai adoptée depuis long-temps m'a toujours réussi et m'a donné les plus beaux résultats. Je fais plus ; après mes ensemencements d'automne , au printemps suivant , lorsque mon froment est bien pris en herbe, je sème encore du trèfle , et passe dessus, comme je vous le disais il n'y a qu'un moment, un paquet d'épines , et c'est une des causes des belles récoltes que vous admirez. Sans doute il ne me donne pas une coupe abondante lors de la récolte du froment , mais il fournit à mes bestiaux un excellent pâturage qui vaut bien mieux que l'herbe de vos jachères, ou coupé avec la paille qui reste après avoir enlevé les épis , et que l'on nomme *grosse paille* ou *paille d'écot ;* il donne à mes vaches une assez bonne nourriture pour l'hiver, et fait économiser ma provision de foin.

La principale utilité du trèfle commun, considéré comme fourrage , consiste à le donner en vert dans les mêmes proportions que la luzerne. Comme le trèfle incarnat, il peut être fané et employé en foin pour l'hiver ; mais il faut alors le mélanger par portions égales avec d'autre foin.

En donnant le trèfle en vert à vos bestiaux, évitez, comme pour la luzerne, qu'il soit mouillé de pluie ou de rosée, parce qu'il aurait les mêmes inconvénients et occasionnerait des tranchées venteuses accompagnées d'enflure, maladie toujours dangereuse.

L'usage suivi jusqu'à ce moment presque partout, est de couper le trèfle pendant trois années, et c'était en quelque sorte une conséquence de l'assolement triennal. Ce mode est désavantageux pour le cultivateur, ainsi que je vais vous le démontrer :

Le trèfle augmente la première année, se soutient la seconde ; et, dès le commencement de la troisième, va en dépérissant. Il en résulte qu'à cette époque, la quantité d'herbe surpasse quelquefois celle de trèfle, de sorte que la qualité de nourriture que vous donnez à vos bestiaux n'est plus la même, et il est facile de s'en apercevoir à la diminution sensible des produits. Sous ce premier rapport, il y a donc désavantage. En second lieu, en considérant le trèfle comme engrais, ainsi que je vous l'ai dit en parlant des *fumures vertes*, il perd beaucoup de son action n'étant plus en aussi grande quantité. Nous allons bientôt revenir là-dessus, lorsque nous aurons terminé ce qui concerne les fourrages extraits des prairies artificielles.

Si vous voulez que votre trèfle vous donne des coupes abondantes la seconde année, ayez la précaution de ne le pas faire paître par vos

bestiaux après la première coupe, surtout lorsque la terre est amollie par la pluie. Tout ce
qui se trouverait foulé et enfoncé dans la terre
pourrirait et ne repousserait pas. En semant le
trèfle parmi des céréales, tous les engrais qui
conviennent au sol conviennent également au
trèfle ; mais suivez pour le trèfle commun le
conseil que je vous ai donné pour le trèfle
incarnat.

On a demandé dans un journal *si les trèfles se
plaisent sur les terres humides?* Pour répondre
à cette question, il faut distinguer d'où vient
l'humidité de la terre ? De la nature du sol ou
de celle du sous-sol ?

Lorsque le sol (terre végétale) est argileux
et profond, il arrive souvent qu'il est humide ;
mais alors cette humidité ne nuit pas ordinairement au trèfle ; seulement, il en résulte que le
trèfle ne dure pas aussi long-temps ; sa durée,
dans ce cas, n'excède pas deux années ; mais,
pendant ces deux années, il réussit parfaitement,
parce qu'il se plaît en général dans les terrains
argileux et profonds.

Si, au contraire, la couche de terre végétale
est mince et légère ; que l'humidité provienne
de la nature du sous-sol, qui ne permet pas à
l'eau de s'écouler, soit parce qu'il est trop
compacte ou qu'il contient lui-même des sources,
le trèfle ne saurait y réussir ; sa végétation sera

toujours faible et languissante. Voilà du moins ce que j'ai remarqué plus d'une fois.

Pour récolter la graine de trèfle, choisissez le plus beau et surtout le plus net, lors de la seconde coupe de la seconde année, et laissez-le mûrir. Après avoir fauché le trèfle ainsi réservé et parvenu à maturité, laissez-le exposé à l'air et piqué debout en petites javelles pendant quelques jours, si le temps est beau; il sera plus facile alors de faire sortir la graine de l'enveloppe qui la contient. La graine de trèfle a, comme celle de luzerne, besoin d'être séchée avant d'être placée au grenier, quoiqu'elle ne craigne pas autant l'humidité; mais elle sera toujours plus saine que si on l'a mise en monceaux ou en sacs sans avoir pris cette précaution.

Le trèfle est une excellente nourriture pour tous les bestiaux, et surtout pour les vaches. On engraisse parfaitement les porcs en leur en donnant en vert et mis quelques instants à tremper dans l'eau bouillante.

Un hectare de trèfle suffit, pendant la seconde année, pour nourrir 14 à 15 têtes de bétail depuis le 15 mai au 15 septembre, et quelquefois plus tard.

Trèfle à fleurs blanches.

Cette espèce est loin d'avoir les qualités do

celle dont je viens de vous parler. En prairies artificielles, elle dure peu et ne donne pas des coupes aussi abondantes que le trèfle commun. — Sa racine est plutôt traçante que pivotante, sa graine beaucoup plus petite. Je vous en parle cependant ici à cause de la propriété qu'elle a de croître parfaitement dans les lieux bas et humides, et d'y fournir un bon pâturage. La graine de ce trèfle étant plus petite, foisonne davantage; et, s'il faut 20 à 25 kilogrammes de trèfle commun pour bien ensemencer un hectare de terre, il en faut moitié moins de l'autre.

Ne considérant l'établissement des prairies artificielles que relativement aux fourrages, il est encore d'autres plantes dont la culture vous sera avantageuse ; mais la différence des climats et du sol influe beaucoup sur leur végétation.

De ce nombre sont le sainfoin, le ray-grass, la spergule, et quelques autres dont l'usage n'est pas aussi étendu que celui du trèfle.

Sainfoin.

Le sainfoin est préféré à la luzerne dans beaucoup de pays, quoiqu'il ne produise pas une nourriture aussi abondante et ne dure pas aussi long-temps. Il n'est pas délicat sur la nature du terrain. Celui qui paraît le mieux lui convenir cependant est le terrain que nous avons nommé *calcaire* ; mais il lui faut un labour profond. On peut le semer en toutes saisons, et particulièrement au printemps. On le coupe ordinairement deux fois l'année. On cultive beaucoup le sainfoin dans quelques parties de la Normandie. On serait tenté de croire qu'il ne réussirait pas aussi bien en Bretagne. Peut-être est-ce un préjugé. Quelques essais ayant été infructueux, des cultivateurs ont renoncé à cette culture. La raison en est que le sol de la Bretagne est plutôt *argileux* que *calcaire*, et c'est à cela sans doute que l'on doit attribuer ce manque de réussite. Le sainfoin n'est en plein rapport que la seconde année.

Ray-grass.

Le ray-grass a long-temps été regardé seulement comme plante d'agrément, et employé à faire des tapis de verdure près des habitations de campagne et dans les jardins anglais, parce qu'il fournit un gazon extrêmement épais et uni. L'espèce que l'on cultive comme fourrage, est celle que l'on nomme *ray-grass* ou *ivraie d'Italie.*

Cette plante peut se couper en vert quatre à cinq fois par an, et offre, comme le trèfle incarnat, l'avantage d'une nourriture précoce. Le ray-grass réussit mieux dans les terres légères que dans celles qui sont argileuses et mouillées. On le sème au printemps : 30 livres sont plus que suffisantes pour ensemencer un hectare.

Grande chicorée.

La grande chicorée, ou *chicorée sauvage*, est encore une plante que vous pouvez cultiver avec avantage pour la nourriture de vos bestiaux, et particulièrement des bêtes à laine. Elle croît très-vîte, se contente d'un terrain médiocre, et se coupe plusieurs fois dans l'année pendant trois ou quatre ans. On sème la grande chicorée en toutes saisons, mais préférablement au printemps ou vers le commencement de l'automne, dans la proportion de 20 à 30 livres de graines par hectare. C'est un excellent fourrage, lorsque les bestiaux y sont accoutumés.

L'introduction de la culture de la grande chicorée en France, est attribuée à *Cretté de Paluel* en 1784. M. De Père conseille d'adopter cette culture dans l'assolement suivant: 1.º pommes de terre ou carottes ; 2.º jarosse (vesce); 3.º chicorée pendant deux ans ; 4.º chanvre ; 5.º froment. (1)

Spergule.

La spergule est un fourrage annuel fort peu

______

(1) *Cours complet d'Agriculture*, édition Pourrat frères.

connu dans la majeure partie de la France, excepté dans le nord. On la cultive principalement dans les Pays-Bas, où elle fournit une nourriture dont les vaches sont friandes. La spergule se plaît dans les sables frais; c'est une plante grasse qui se dessèche difficilement, aussi ne l'emploie-t-on qu'en vert. On la sème dans le même temps et de la même manière que le trèfle incarnat, et la quantité de semence par hectare est la même que celle du ray-grass.

Verte.

Vous pouvez encore faire des prairies artificielles, mes chers amis, en semant très-dru, à l'automne, de l'orge, de l'avoine ou du seigle, pour couper en vert au printemps : ce que l'on nomme de la *verte.* Cette dernière méthode réussit partout, mais elle n'offre pas les mêmes avantages que la culture des autres plantes dont je vous ai parlé, et elle appauvrit la terre. Quelles que soient les plantes qui vous conviendront le mieux, choisissez celles qui joignent à l'avantage de donner une bonne et abondante nourriture celui d'améliorer le sol, soit par elles-mêmes, soit en servant d'engrais, ou, comme je vous l'ai dit, de *fumure verte.* Multipliez le nombre de vos prairies artificielles, vous n'en aurez jamais trop. Je ne me lasserai pas de vous le répéter : remplacez une partie de vos jachères par des prairies artificielles, vous y trouverez un bénéfice certain et considérable.

Jetons maintenant un coup d'œil sur l'utilité des prairies artificielles, relativement à l'amélioration qu'elles apportent à la terre et aux engrais que l'on en peut retirer immédiatement en les enfouissant.

Vous avez sans doute présent à la mémoire ce que je vous ai dit en parlant des fumures vertes ; il est de la plus haute importance pour vous de bien vous pénétrer de leur utilité. Consacrant une partie de vos prairies artificielles à cet usage, vous économisez une grande quantité d'autres engrais. Choisissez pour cela, les plantes qui réunissent les qualités que je vous ai déjà indiquées. (Page 59).

Lupin blanc.

Il est une plante dont je ne vous ai pas encore parlé, et que l'on emploie beaucoup dans le midi de la France comme engrais vert : c'est le *lupin blanc*. Cette plante a l'avantage de croître dans les plus mauvais sols, quelle que soit leur nature ; mais elle ne saurait prospérer dans les pays froids et sujets aux gelées, à moins de la semer lorsqu'elles ne sont plus à craindre. On l'enfouit avant sa fleuraison. Le lupin blanc améliore les terrains de la qualité la plus inférieure, et doit être semé très-dru, il en faut à peu près un hectolitre par hectare.   5 *

Le trèfle ordinaire est la plante qui convient le plus généralement pour être enfouie, et semble la plus avantageuse, parce qu'avant de servir à cet usage, elle a déjà payé amplement le cultivateur des soins qu'il a pris de la cultiver. Souvenez-vous de l'étonnement de Baptiste et de ce que je vous ai dit pour calmer sa mauvaise humeur.

Ici un sourire anima toutes les physionomies, et le front du pauvre Baptiste, vers lequel se portèrent tous les regards, se couvrit d'une vive rougeur.

Voici, mes amis, continua Jérôme, la méthode que j'ai constamment suivie et que je vous conseille d'adopter comme moi :

Semez, comme je vous l'ai dit, votre trèfle au printemps parmi le sarrasin ou l'orge, parce que vous n'aurez pas besoin d'une double application d'engrais ; vous le couperez au mois de septembre. Dans le mois de décembre ou janvier suivant, répandez dessus la quantité de cendre, de noir animal ou de chaux mêlée de terreau que je vous ai indiquée. Vous le couperez une seconde fois au mois de mai ; immédiatement après, arrosez-le de purin ; et, dès le mois de juillet, vous aurez une troisième coupe aussi abondante que celle du mois de mai. Laissez-le repousser alors pour l'enfouir au mois de novembre, et sur ce labour fait en planches plutôt

qu'en sillons, semez votre froment. A moins
que la saison ne soit contraire, chose dont on ne
peut jamais répondre, vous pouvez compter sur
une abondante récolte. Ce procédé m'a toujours
réussi.

Voyez, mes chers amis, combien il est avantageux pour vous de l'employer! L'abondance
de nourriture que vous auront fournie les trois
coupes de ce trèfle, en augmentant les produits
de vos bestiaux, aura considérablement augmenté aussi la masse de vos engrais, et le trèfle
lui-même, enfoui à la fin de la seconde année,
sera un des meilleurs engrais dont vous puissiez
faire usage. Voilà cependant ce dont vous vous
privez avec la conservation de vos jachères.
Vous n'éprouvez de surcroît de dépenses que
l'achat de la graine de trèfle pour le premier
ensemencement; car je vous conseillerai toujours
de réserver une portion de votre troisième coupe
pour la laisser mûrir. Et qu'est-ce que cette dépense, comparée aux profits que vous en recueillerez? Ainsi tombe en partie l'objection
que faisait Joseph à notre avant-dernière réunion.

L'importance de la matière dont nous avions
à nous occuper aujourd'hui, nous a entraînés
au-delà de notre heure accoutumée. Lors de la
prochaine réunion, je vous parlerai des *plantes
sarclées*. Leur culture mérite autant et plus
encore peut-être votre attention que celle des

prairies artificielles, et je compte sur votre assiduité ordinaire.

ONZIÈME VEILLÉE.

Comices agricoles. — Plantes sarclées. — Avantages résultant de la culture de ces plantes. — Pommes de terre. — Sol, engrais et culture qui leur conviennent. — Usage particulier de la houe à cheval, et du butteur ou charrue à deux versoirs. — Procédé économique pour la construction de ces deux instruments.— Anecdote racontée par Jérôme.

Quelques jours avant cette réunion des amis de Jérôme, avaient eu lieu dans une commune peu éloignée, les comices agricoles annuels, fondés il y a vingt ans par ce cultivateur célèbre dont on a parlé à l'occasion du *sablon calcaire*, et dont les exemples et les encouragements qu'il accorde aux cultivateurs qui se distinguent par quelques améliorations, ont puissamment contribué à étendre le cercle des connaissances agronomiques (1). Jérôme tenait à la main le compte-rendu des travaux de ces

---

(1) M. De Lorgeril, ancien maire de Rennes et ancien député d'Ille-et-Vilaine.

comices , dont il donna lecture à son auditoire. Nous croyons devoir en extraire le passage suivant, qui rentre dans le but que nous nous proposons, celui d'indiquer tous les moyens propres à développer les progrès de l'agriculture :

« Nous dirons aux cultivateurs : Ne tardez pas davantage à planter le colza. Prenez, à cet effet , dans vos terres argileuses de moyenne qualité , un journal (48 ares) de pâture que vous traiterez de la manière suivante :

» Défrichez, en retournant le gazon vers la fin de février, et semez de l'avoine sur ce seul labour.

» Labourez aussitôt après la récolte ; hersez et roulez, si cela est nécessaire ; engraissez au mois d'octobre avec 60 mètres cubes de fumier recouvert par un bon labour ; plantez le colza ; binez pendant la végétation , et vous recueillerez au mois de juin suivant de 20 à 30 quintaux de graines, qui , au prix de 18 fr., vous rendront de 360 fr. à 540 francs (1).

» Labourez après la récolte du colza pour semer à l'automne du froment, sans engrais , qui vous donnera un riche produit.

» Labourez avant l'hiver, engraissez copieusement au printemps pour semer de *la paumelle* (orge) avec du trèfle.

____

(1) Il faut environ 30,000 pieds de colza par journal, ou 48 ares.

» Coupez deux fois le trèfle ; enfouissez la troisième coupe pour semer du froment sur un seul labour.

» Vous recueillerez votre froment ; et votre terre sera en aussi bon état que lorsque vous l'avez défrichée.

» Cet assolement m'a donné des produits considérables. »

Après avoir payé au fondateur des comices agricoles de Plesder le juste tribut d'éloges que méritent ses soins et ses utiles travaux, Jérôme continua : Vous savez que je vous ai annoncé pour aujourd'hui le commencement de l'explication de la culture des *plantes sarclées ;* nous allons donc nous en occuper.

On nomme *plantes sarclées*, celles dont la culture exige un travail qui consiste à les purger des mauvaises herbes, soit en arrachant celles-ci, soit en les détruisant au moyen d'un instrument qui, en les coupant par la racine, donne à la terre un léger labour. C'est cette dernière méthode, que l'on suit ordinairement. On donne spécialement le nom de *plantes sarclées,* aux pommes de terre et aux betteraves-disettes, parce que ces plantes ayant besoin de plusieurs buttages, les mauvaises herbes se trouvent *sarclées* par ces diverses opérations. Ainsi, en vous parlant de l'utilité et de l'importance des plantes sarclées, cela se rapporte aux pommes de terre et aux betteraves-disettes.

Nous nous entretiendrons cependant encore de la culture de plusieurs autres plantes, qui présentent un caractère d'utilité bien remarquable, telles que la carotte, les choux, les navets, etc....

Pendant que nous nous occupions des prairies artificielles, notre ami Pierre a demandé comment on pourrait nourrir, dans l'hiver, les bestiaux dont on augmenterait le nombre durant l'été; je vous ai promis, en répondant à cette question, de vous en démontrer les moyens : c'est ce que je vais faire ce soir. J'envisagerai d'abord l'utilité des plantes sarclées relativement à la nourriture des bestiaux dans l'hiver. Nous examinerons ensuite les avantages de chacune d'elles dans l'économie domestique, et la culture qui leur convient; enfin, leur utilité relativement à l'amélioration qu'elles apportent à la terre, ainsi que nous l'avons fait pour les prairies artificielles.

Le premier avantage de la culture des plantes sarclées, sera de fournir à vos bestiaux une bonne nourriture, qui leur fasse conserver pendant l'hiver la fraîcheur et l'embonpoint qu'ils auront acquis pendant l'été avec le produit des prairies artificielles.

Il est peu de bestiaux qui ne mangent avec plaisir, pour ne pas dire avec avidité, les pommes de terre, les betteraves-disettes et la plupart des plantes à racines alimentaires. Crues, les chevaux et les vaches s'en accommodent parfaitement; elles donnent aux premiers de la vigueur et du feu, aux secondes du lait de bonne qualité. Les pommes de terre et les carottes conviennent mieux aux chevaux, les betteraves-disettes aux vaches; mais il est à propos de donner alternativement de chaque espèce, le matin, par exemple, des pommes de terre; le soir, des betteraves. Cette méthode est la plus avantageuse, parce que l'appétit des bestiaux s'en trouve d'autant mieux aiguisé, et, comme vous le savez, ils rendent en proportion de la nourriture qu'ils prennent.

Dans toute bonne exploitation, les plantes sarclées doivent être pour l'hiver les auxiliaires des fourrages secs et leur accompagnement nécessaire, comme les prairies artificielles le sont pour l'été. C'est avec elles que vous pourrez conserver le nombre de bestiaux que vous aurez eu pendant l'été, parce que la consommation de fourrage sec étant beaucoup moins considérable, votre provision durera plus long-temps; et si déjà vous avez assez de ce fourrage pour le nombre actuel de vos bestiaux, vous pourrez augmenter ce nombre d'un quart ou d'un tiers, augmentant la quantité de nourriture dans la même proportion, ce qui arrivera infailliblement par la culture des plantes sarclées. Quarante hectolitres de pommes de terre et quatre mille livres ou deux mille kilogrammes de betteraves-disettes, fourniront autant de nourriture d'une qualité supérieure que quatre milliers ou deux mille kilogrammes de foin ordinaire. Consacrez un hectare de terre chaque année à la culture de ces deux espèces de plantes, au lieu de le laisser en jachère qui ne vous rapporte rien, vous récolterez au moins le double de la quantité que je viens de vous indiquer ; alors vous n'aurez plus l'inquiétude de manquer de nourriture à donner à vos bestiaux l'hiver. J'ajouterai, mes amis, que lors même que la quantité de foin que vous récoltez annuellement excèderait vos besoins, vous n'en devriez pas moins vous livrer à la culture des plantes sarclées ; vous trouverez toujours le moyen d'en tirer parti. Je ne vous ai parlé jusqu'ici que du gros bétail, mais elles servent encore à hâter l'engrais des porcs et des volailles ; et, comme je vous le démontrerai bientôt, elles nettoient et améliorent les terres. Elles offrent beaucoup d'autres avantages, tels que celui d'augmenter la quantité des engrais, et de donner la faculté d'appliquer ailleurs ceux que nous serions forcés d'employer pour l'ensemencement qui doit suivre la récolte de ces plantes.

Il est bien rare que l'on soit obligé de marnisser la terre, après les pommes de terre ou les betteraves-disettes; car il importe de remarquer que c'est à cette culture qu'il convient de donner le plus d'engrais. Il ne faut pas craindre l'excès, surtout quand on a la précaution d'en mettre la moitié en terre à l'époque du labour préparatoire, et l'autre moitié en achevant de disposer le terrain pour le remplir de ces plantes. Des expériences, plusieurs fois répétées, m'ont convaincu que la terre demeurait alors suffisamment pourvue de sucs pour quelque espèce de céréales que ce fût. Cependant, pour être plus sûrs d'obtenir de beaux produits, vous ferez bien, surtout après les pommes de terre, de donner une demi-fumure, c'est-à-dire la moitié moins d'engrais qu'ordinairement pour la même culture. Cette condition n'est nécessaire qu'autant que la quantité d'engrais et l'espèce dont on s'est servi, n'ont été calculées que pour la récolte de pommes de terre. Je connais un cultivateur qui fait quatre récoltes sur une seule fumure, à l'exception toutefois d'une fumure verte qui lui sert pour sa quatrième récolte. Ainsi, par exemple, il adopte l'assolement suivant : 1.º plantes sarclées avec une fumure complète; 2.º céréales; 3.º prairie artificielle, ordinairement en trèfle; 4.º céréale sur trèfle enfoui en vert à la fin de la seconde année.

Lorsque je vous ai parlé de l'emploi de la *houe à cheval,* je vous ai dit que c'était principalement dans la culture des plantes sarclées que l'utilité de cet instrument était le plus appréciée. Vous allez en juger vous-mêmes. Commençons par ce qui a rapport à la culture des pommes de terre.

Pommes de terre.

Il n'est pas de terrain dans lequel les pommes de terre ne puissent prospérer ; mais ici plus que dans aucune autre culture, le choix des engrais et leur application à la nature des diverses classes de terres produisent des effets remarquables, tant pour la quantité que pour la qualité de la récolte. Ainsi, mes amis, rappelez-vous ce que je vous ai dit à cet égard, lorsque je vous ai parlé de la classification des terres et des engrais propres à chacune d'elles.

On a long-temps cultivé les pommes de terre dans les jardins seulement et pour la nourriture de l'homme. Cette culture ne se faisant qu'en petit, on se contentait de se servir des instruments de jardinage qui pouvaient suffire alors ; mais aujourd'hui qu'elle doit entrer dans l'assolement général, il faut avoir recours à des moyens plus prompts et moins dispendieux.

Le choix des variétés de pommes de terre est encore une chose importante, parce que toutes ne viennent pas également bien sous tous les climats et dans tous les sols. Dans les uns, la pomme de terre précoce ou hâtive, que l'on récolte depuis la fin de juillet au mois de septembre, réussit mieux que la tardive, qui n'est mûre que dans le courant de novembre ; dans les autres, c'est cette dernière que l'on doit préférer à la pomme de terre hâtive, parce qu'elle rendra des *tubercules* plus gros et en plus grand nombre. On nomme *tubercule* chaque pomme de terre. Ici, ce sera la longue-rouge ; là, une autre espèce encore. L'expérience seule vous démontrera celle dont vous devrez adopter la culture ; il n'y a point à cet égard de règles certaines. Cependant, toutes les fois que la pomme de terre précoce réussira bien dans vos terres, je vous conseille de la cultiver de préférence, parce que vous aurez l'avantage de pouvoir faire immédiatement après, et dans la même année, un second ensemencement. Vous pourrez, par exemple, remplir votre champ vide de pommes de terre, en froment, en trèfle incarnat, en colza, etc. Pour obtenir une belle récolte de pommes de terre, voici, mes chers amis, ce que vous devez faire :

Dès le mois de septembre ou d'octobre, vous donnerez à votre terre un profond labour à la charrue, par lequel toutes les herbes qui auront crû depuis la dernière récolte se trouveront enfermées. Lorsque vous supposerez qu'elles seront pourries, c'est-à-dire vers la fin de novembre, avant la saison des glaces, vous passerez la herse pour bien diviser la terre, et vous labourerez de nouveau. Après ce second labour, laissez votre terre ainsi préparée jusqu'au printemps, époque à laquelle vous mettrez les tubercules en terre. Alors donnez un second hersage, puis le labour d'ensemencement. Pour donner à la terre plus de qualité, surtout si c'est un défrichement que vous destinez à être rempli de pommes de terre, vous ferez sagement de mettre une partie de votre engrais, en faisant le second labour dont je viens de vous parler. Dans les terres argileuses principalement, c'est le moment d'y placer les fumiers chauds, entiers et pailleux, parce qu'ils facilitent l'action de l'air sur toutes les parties du sol; mais vous ne serez pas dispensés pour cela d'employer encore quelques engrais, que vous mettrez en même temps que vos pommes de terre, et de manière à les recouvrir.

Ne jetez pas au hasard les tubercules en terre ; ils doivent être mis à la main, à distances à peu près égales les uns des autres et bien en ligne, non dans le fond de la raie, mais à deux ou trois pouces du fond et dans la terre reversée par la charrue ; ils se dérangeront moins de leur alignement. C'est la manière de les planter indiquée par le savant M. Dombasle, dont les travaux ont tant contribué aux progrès de l'agriculture. La charrue viendra ensuite recouvrir chaque rang planté. Gardez-vous bien de suivre la méthode de beaucoup de cultivateurs, qui choisissent toutes les plus petites pommes de terre pour la plantation. Celles que vous destinez à cet usage doivent être au moins de la grosseur d'un œuf. Si elles sont plus grosses, vous pourrez les diviser, mais ayez soin qu'il demeure plusieurs *yeux* ou *germes* à chaque portion. Il faut en outre prendre la précaution de couper les tubercules plusieurs jours à l'avance, afin que la blessure puisse se cicatriser par son exposition à l'air, autrement le fragment de pommes de terre absorberait une trop grande quantité d'humidité et serait exposé à pourrir. La distance entre chaque pomme de terre du même rang doit être de 15 à 18 centimètres (7 à 8 pouces) au moins, et celle entre chaque rang, de 55 à 60 centimètres (18 à 20 pouces), afin que la houe à cheval puisse facilement passer sans atteindre les tiges qu'elle couperait et qui ne repousseraient plus, ou du moins la plante souffrirait beaucoup de cet accident. C'est aussi pour cela que les rangs doivent être bien alignés, puisque, sans cette précaution, vous seriez exposés à perdre une grande partie de votre plant. Voilà en quoi consiste le premier travail relatif à la plantation des pommes de terre. Mais leur culture ne se borne pas là; les soins qu'elle exige sont plus multipliés que pour toute autre plante, et si elle offre au cultivateur d'immenses avantages, elle lui demande aussi plus de peines et de fatigue. C'est pour les diminuer, ainsi que je vous l'ai dit, qu'ont été inventés la houe à cheval et le butteur.

Lorsque le pampre des pommes de terre commence à se montrer au-dessus du sol, il est utile de donner un nouveau hersage à la terre pour achever de diviser les mottes qui pourraient encore se rencontrer, et nuire au développement des tiges, ou leur donner une mauvaise direction. Cette opération sert encore surtout dans les terres fortes, à faciliter le passage de l'air nécessaire à la végétation. Les pommes de terre ont besoin de fréquents labours. Autrefois on les faisait à la bèche, ce qui rendait ce travail long et dispendieux, et c'est pour ce motif que beaucoup de laboureurs ne cultivaient les pommes de terre qu'en petite quantité. Maintenant qu'un seul homme et un cheval peuvent faire dans un jour avec la houe à cheval et le butteur ce que dix hommes n'auraient pas fait avec la bèche, que le travail est simplifié autant que possible, que les frais de culture se trouvent par ce moyen considérablement diminués, il n'y aura plus que les hommes négligents, et ceux qui ne voudront pas comprendre leurs véritables intérêts, qui se refuseront à la culture des pommes de terre. J'aime à croire qu'aucun de vous ne sera de ce nombre.

—Vous parlez bien, maître Jérôme, dit Gilles, qui n'avait pas encore osé faire une seule observation, quoiqu'il ne fût pas aussi bête qu'on aurait pu le croire, en voyant ses grands yeux saillis et fixes, son attitude roide et gauche, et ses deux bras pendants à ses côtés, comme s'ils n'avaient pas fait partie de sa personne; je suis bien convaincu de l'utilité de la houe à cheval, comme vous nommez cet instrument que je vois là-bas, qui a un soc plat et fait presque dans la forme du fer à dépresser du tailleur d'habits de notre village, quoique beaucoup plus mince, garni des deux côtés de dents comme une herse, et armé d'un mancheron double, comme celui de ma charrue, servant à le diriger; mais, avant de pouvoir s'en servir, il faut d'abord en avoir, et comment ferons-nous pour nous en procurer; car je ne connais pas d'ouvrier dans ce pays-ci qui fasse des houes à cheval?

Tout en appréciant la justesse de la demande du pauvre Gilles, on ne put s'empêcher de rire du ton de simplicité et de l'air embarrassé avec lequel il la fit, ce qui augmenta encore sa timidité et la rougeur dont son front était couvert.

— Votre question vient très-à-propos, mon ami, lui dit Jérôme, et je vois avec une satisfaction réelle que vous avez parfaitement examiné l'instrument dont à l'instant même je vous vantais l'utilité. La description que vous venez de nous en donner me dispense de la faire moi-même, et je me hâte de répondre à votre demande.

Il n'est pas un ouvrier un peu adroit et intelligent qui ne puisse confectionner une houe à cheval, aussitôt qu'il en aura vu le modèle. C'est un instrument extrêmement simple, et dont l'usage commence à se propager. Qu'il y en ait seulement un dans chaque commune, et bientôt tout le monde en aura, parce qu'il n'est pas d'un prix élevé. Il est peu de villes où l'on ne puisse en voir, principalement dans celles où il existe des écoles d'agriculture. On en trouve dans tous les dépôts d'instruments aratoires perfectionnés (1). Il vous sera donc facile de vous procurer cet utile instrument, quand vous le désirerez. (Planche 4, page 101.)

Après vous avoir parlé de l'emploi de la houe à cheval, pour donner aux pommes de terre les labours nécessaires à leur développement, je dois vous indiquer ce qui vous reste à faire dans leur culture.

Il ne faut pas se contenter de bêcher les pommes de terre, mais il faut encore les *butter* plusieurs fois, c'est-à-dire amener la terre des deux côtés des tiges, comme on le fait dans les

____

(1) L'établissement agricole de Grand-Jouan, commune de Nozay, département de la Loire-Inférieure, a une excellente fabrique d'instruments aratoires.

jardins pour le céléri. Pour faire cette opération avec promptitude et à peu de frais, on se sert d'une petite charrue à deux versoirs qui jettent la terre de chaque côté. C'est cet instrument que vous avez remarqué près de la houe à cheval, et que je vous ai fait connaître sous le nom de *butteur* ou *buttoir*. (Planche 5, pag. 103.)

J'insisterai pour vous engager, mes amis, à faire usage de cet instrument fort simple, et d'un prix peu élevé. Il est d'une utilité incontestable. Les deux petits versoirs en fer attachés au coutre suffisent pour le premier buttage. Avec les autres, qui sont mobiles et maintenus par la traverse de fer fixée à la haie par un boulon, vous élèverez vos autres buttages à la hauteur qui vous conviendra. Il ne s'agit pour cela que de descendre en terre plus ou moins profondément, ce que vous faites en tenant les mancherons plus ou moins hauts. Chaque buttage sera d'autant plus élevé que les tiges de vos pommes de terre auront plus d'accroissement. N'attendez pas que ces tiges soient trop fortes pour donner le premier buttage ; il devient nécessaire, aussitôt qu'elles ont atteint la hauteur de 15 à 18 centimètres (7 à 8 pouces); ce qui arrive ordinairement vers le commencement du mois de mai. Donnez un second buttage, lorsqu'elles ont le double de hauteur, dans le mois de juin, et un troisième vers la fin du même mois. Il est rare que l'on soit obligé d'en donner un quatrième. Les époques que je viens de vous indiquer varient suivant l'espèce de pommes de terre et le climat. Le dernier buttage, qui doit être le plus profond et descendre au-dessous ou au moins au niveau de la pomme de terre mère, précède de peu de temps la fleuraison ; alors, vous n'avez plus à remuer le sol. Quelques cultivateurs , après ce dernier buttage, ont coutume de planter des choux dans les raies , ou de semer du sarrasin pour couper en vert aux bestiaux ; vous pourriez en faire l'essai.

Après avoir exécuté ces diverses opérations, gardez-vous bien de laisser brouter par vos bestiaux le pampre de vos pommes de terre, ce serait compromettre votre récolte ; mais vous pourrez ôter les fleurs au fur et à mesure qu'elles seront épanouies : les tubercules en deviendront plus gros et non plus nombreux, comme quelques auteurs l'ont dit; car j'ai remarqué que, dès le temps de la fleuraison , ces tubercules sont à peu près formés, quoique fort petits encore.

Enfin, mes chers amis , arrive le temps de la récolte ; c'est alors que vous aurez à vous applaudir d'avoir cultivé avec soin vos pommes de terre. Quel plaisir n'éprouverez-vous pas en découvrant ces trésors, car je puis les appeler ainsi, lorsqu'une seule pomme de terre plantée rend quelquefois plus de 40 pour 1! A ne considérer la pomme de terre que sous le rapport de la nourriture des bestiaux, quelle ressource pour l'hiver! Un hectare rend au moins de 130 à 140 hectolitres, comme je vous l'ai dit au commencement de cette soirée, et souvent plus, lorsque l'année est favorable. Premier avantage de la culture des pommes de terre; et n'offrirait-elle que celui-là, il suffirait pour vous déterminer à l'adopter, même en n'ayant pas encore les instruments nouveaux qui rendent cette culture plus facile.

Vous dirai-je maintenant combien les pommes de terre sont utiles dans l'intérieur d'un ménage? Si elles sont pour les animaux une bonne nourriture, l'homme lui-même ne doit pas les dédaigner, et presque tout le monde les aime, le pauvre comme le riche. Je ne vous parlerai pas du nombre infini de mets que les habitants des villes apprêtent avec les pommes de terre, et dont ils se servent pour aiguiser leur appétit : ces moyens sont inconnus aux champs, parce qu'ils sont inutiles; mais le cultivateur y trouve son compte, par le grand débouché que cette consommation donne aux produits de sa culture. Je connais des agriculteurs qui, avec l'excédant de la quantité de pommes de terre utile à leur exploitation, paient chaque

année plus de la moitié du prix de leur ferme
et presque la totalité de leurs frais de labour;
tout le reste alors devient bénéfice. Je vous
demande si vos jachères peuvent vous en donner autant ?......

Vous avez quelquefois entendu raconter aux
anciens du pays ces famines déplorables qui
l'ont désolé; on vous a dit l'histoire de ces époques désastreuses où l'on était réduit à prendre
pour nourriture les choses les plus dégoûtantes:
avec la culture des pommes de terre, ces temps
malheureux ne se renouvelleront plus. Que dans
une contrée les céréales viennent à manquer,
ou à être détruites par la grêle ou les inondations, et nous en voyons de nos jours de fréquents exemples, les riches peuvent encore se
soustraire à la faim; mais les pauvres!.......
Combien leur sort n'est-il pas à plaindre? Combien y en a-t-il qui périssent faute de nourriture? Eh bien! dans ces temps malheureux, si
l'on manque de pain, on vit du moins avec les
pommes de terre. Je vous raconterai à ce sujet
une petite anecdote qui est à ma connaissance:

Il y a vingt et quelques années, un habitant
d'une commune de Bretagne s'était, dès ce
temps, pénétré de l'importance de la culture
des pommes de terre; et, avec une très-modique
fortune, était parvenu, en suivant la méthode
que je vous indique aujourd'hui, à jouir paisi-

blement d'une honnête aisance. Un de ses voisins, beaucoup plus riche que lui d'abord, le questionna sur les moyens qu'il avait pris pour arriver à ce degré de prospérité. Il vendait du grain, lorsque celui-ci, quoiqu'à la tête d'une exploitation plus considérable, sans avoir cependant plus de monde à nourrir, était depuis long-temps obligé d'en acheter. — Comment donc faites-vous? lui dit-il. — Ne le voyez-vous pas? répondit le premier. Je cultive les pommes de terre; elles sont la source de toute ma richesse. J'en donne à mes bestiaux l'hiver, ce qui les entretient dans l'état de santé et de fraîcheur où vous les voyez, et me permet d'en avoir un plus grand nombre. J'en engraisse des volailles et des porcs que je vends ensuite avec bénéfice. Je fais de mes pommes de terre une sorte de farine que l'on nomme *fécule*, et je mêle de cette fécule à la farine de froment dont je fais du pain; vous n'avez entendu personne se plaindre qu'il ne fût pas de bonne qualité. Enfin, j'en fais cuire pour les gens de ma maison, et vous voyez que nous ne sommes pas malades. Imitez mon exemple, et avant deux ans d'ici vous m'en direz des nouvelles.

Le voisin trouva que l'avis était bon et le suivit. Bientôt sa ferme fut la plus belle et la plus riche du canton. Les deux cultivateurs devinrent deux amis inséparables ; mais ce qui contribua le plus à leur liaison intime, fut la sympathie de leurs goûts, et leur amour pour la vertu et la religion. Ils rendaient à Dieu en bonnes œuvres ce qu'ils en recevaient en richesse.

Une de ces années malheureuses dont je vous parlais tout-à-l'heure survint, et quelques-uns d'entre vous peuvent s'en souvenir ; le pain fut extrêmement cher et rare ; la misère était à son comble. Dieu avait béni les travaux de nos deux amis : leur récolte de pommes de terre fut abondante, et pendant tout l'hiver ils nourrirent la majeure partie des pauvres de leur paroisse, dont beaucoup sans eux auraient péri de faim. Ils sont morts tous les deux, mais leur mémoire est restée en vénération ; on n'en parle jamais sans attendrissement, et tous ceux dont ils furent les bienfaiteurs prient encore pour eux, quoique avec la persuasion qu'ils ont reçu dans le ciel la récompense de leurs vertus.

Voilà, mes amis, comme les plus petites choses en apparence servent quelquefois à rendre les plus grands services à l'humanité, surtout quand on les fait tourner à la gloire du Dieu tout-puissant qui nous les a données.

Résumons en peu de mots, en terminant cette veillée, les avantages de la culture des pommes de terre, afin de bien vous pénétrer de son utilité :

Nourriture abondante et saine pour tous les animaux;

Nourriture excellente pour les hommes;

Plus de disettes possibles avec les pommes de terre;

Branche de commerce lucratif, à cause de la grande consommation qui s'en fait dans les villes;

Engrais de tous les animaux de basse-cour;

Augmentation de produits des bestiaux;

Enfin, amélioration de la terre par suite des travaux qu'exige leur culture.

Je ne vous ai point encore expliqué ce dernier avantage; je le renvoie après ce que j'ai à vous dire des betteraves-disettes, parce qu'il est une conséquence de la culture de ces dernières comme de celles des pommes de terre.

La prochaine veillée sera consacrée à vous parler de cette seconde espèce des plantes sarclées; et, s'il nous reste du temps, je vous dirai quelques mots du *colza,* dont la culture est encore peu répandue dans une grande partie de la France, de quelques autres espèces de choux, et du navet si précieux vers le commencement du printemps.

DOUZIÈME VEILLÉE.

Betteraves-disettes. — Leur culture. — Opinions diverses
des cultivateurs sur le buttage. — Récolte des betteraves-disettes. — Améliorations qu'apporte au sol la culture des plantes sarclées. — Colza. — Ses propriétés,
- ses avantages, - sa culture. — Choux communs. —
Navet. — Résumé des préceptes de Jérôme jusqu'à ce
jour. — Calendrier pour les ensemencements, etc.

Betteraves-disettes.

Le sujet de cette veillée, mes chers amis,
est la culture des betteraves-disettes, seconde
espèce des plantes sarclées, non moins utile que
la première.

La *betterave-disette,* ou *betterave blanche,
champêtre,* est, comme la pomme de terre, une
excellente nourriture pour les bestiaux pendant
l'hiver. Elle est même peut-être préférable à
celle-ci pour les vaches ; et, sous ce rapport,
mérite toute l'attention du cultivateur. Elle s'accommode généralement de tous les sols, pourvu
qu'ils soient profonds et bien fumés ; mais elle
devient plus grosse et est plus goûtée dans
les terrains siliceux que dans ceux où l'argile
domine. J'en ai cependant vu de très-belles dans
les terres de cette dernière qualité.

L'application des engrais pour la culture des betteraves-disettes est la même que pour les pommes de terre : il faut avoir égard à la nature du sol ; c'est une des conditions nécessaires, indispensables pour avoir de beaux produits.

La betterave-disette réussit en général beaucoup mieux transplantée que semée à place. Des expériences plusieurs fois réitérées ont démontré cette vérité de la manière la plus évidente. Il faut choisir pour le semis une terre riche en sucs nutritifs, et semer plutôt en rayons qu'à la volée, parce qu'il est nécessaire de sarcler le semis pendant la jeunesse de la plante. Les limaces sont très-friandes du jeune plant de betteraves, et n'en laisseraient pas, si on n'avait le soin de leur faire la guerre. La suie, les écailles d'huîtres pilées sont employées avec succès pour écarter ces animaux malfaisants ; mais le meilleur moyen est encore de visiter le plant le matin et le soir, et de tuer les limaces en les perçant d'un bois aiguisé. On sème la graine de betteraves-disettes dans le courant du mois d'avril ou dans le commencement de mai, lorsque les gelées ne sont plus à craindre ; et c'est dans le mois de juin que se fait la transplantation.

Il faut, pour cette opération, préparer la terre par un bon labour, bien l'ameublir avec la herse et le rouleau, ou, si vous n'êtes pas encore munis de ces instruments, la rabattre à la houe et au râteau à quatre dents. Le premier labour doit être donné à la terre assez de temps avant la transplantation pour que la couche de verdure pourrisse, à moins que vous ne mettiez vos betteraves dans une terre nouvellement dépouillée de trèfle incarnat.

Beaucoup de cultivateurs se servent du *plantoir* pour placer les betteraves. Moi j'ai adopté une autre méthode qui m'a bien réussi, et qui est beaucoup plus expéditive; c'est d'employer la charrue comme pour les pommes de terre. Les betteraves étant arrachées du semis, les planteurs suivent la charrue, et les placent presque debout et appuyées contre la terre que le versoir a jetée de côté. Elles doivent être, autant que possible, à distances égales, environ 33 centimètres (1 pied) les unes des autres, sur le même rang; mais il faut entre chaque rang un espace de 50 à 55 centimètres (18 à 20 pouces).

Il y a une précaution bien essentielle à prendre en transplantant les betteraves-disettes, c'est de ne pas rompre la racine : tâchez d'arracher la plante tout entière, et faites en sorte qu'elle soit allongée dans toute sa longueur en la mettant à place, quel que soit le mode que vous adoptiez pour cela; autrement, elle *fourcherait,* et la végétation en souffrirait singulièrement. Les betteraves-disettes , pour être transplantées , doivent être de la grosseur du petit doigt, ou au moins d'un tuyau de grosse plume d'oie ; plus petites, elles n'auraient pas assez de force et souvent ne reprendraient pas.

Un mois environ après la transplantation, et lorsque vos betteraves commenceront à pousser quelques grandes feuilles , il deviendra nécessaire de donner un labour entre les rangs : c'est encore le cas de faire usage de la houe à cheval ; le travail sera plus prompt et mieux fait qu'avec tout autre instrument.

Quelques cultivateurs conseillent de ne pas *butter* les betteraves , et de se contenter seulement d'ameublir la terre entre les rangs, comme je viens de vous le dire. Je ne suis pas de cette opinion. surtout lorsqu'elles seront plantées dans une terre forte et argileuse. Dans un même champ, j'ai laissé des rangs de betteraves-disettes sans être buttés, et j'ai butté les autres ; il y avait une différence de moitié dans la grosseur et la longueur de mes betteraves, et cette différence était en faveur de celles qui avaient été buttées. Voici comment je me suis rendu compte de cela : Les betteraves-disettes tendent à monter au-dessus de la terre ; plus alors j'exhaussais la terre autour d'elles, plus elles montaient, parce que cette terre fournissait plus d'aliments à la végétation. Enfin, je vous conseille de faire comme j'ai fait moi-même, c'est-à-dire de faire l'essai des deux méthodes, et d'adopter celle qui vous donnera les plus beaux résultats, parce qu'il est possible que, dans une autre qualité de terre, l'effet ne soit pas le même, ce dont je doute cependant. Je crois que ce qui a engagé à ne pas butter les betteraves, c'est que l'on a remarqué, quand on a voulu en extraire du sucre, que la partie qui se trouvait au-dessus du sol contenait plus de principes sucrés que celle qui était cachée en terre. Mais, pour nous qui les cultivons, non pour en faire du sucre, mais pour servir de nourriture à nos bestiaux, il nous importe peu qu'elles soient un peu plus ou un peu moins sucrées, pourvu que ces animaux les mangent avec plaisir et s'en trouvent bien, et que nous puissions avoir une plus grande quantité en pesanteur. Seulement, je vous recommanderai de ne pas enfouir les feuilles en faisant les buttages, mais de les relever ; si vous les enterriez, vous nuiriez au développement de la plante plutôt que de le faciliter.

Je ne vous ai parlé que de la betterave-disette employée comme fourrage ; ce n'est pas à dire pour cela que la *betterave à sucre* ne doive pas être cultivée ; au contraire, mes amis ; et il serait à désirer que, dans chaque département, il s'élevât quelques fabriques de sucre indigène. Cette nouvelle industrie serait un élément de plus de prospérité pour la France.

Les betteraves *jaunes*, *de Silésie*, sont celles que l'on cultive pour la fabrication du sucre. Comme elles présentent à peu près les mêmes avantages que la betterave-disette pour la nourriture des bestiaux, que, sous quelques rapports même, elles lui sont préférables, en l'adoptant pour la cultiver, ce serait ouvrir la voie à l'établissement des fabriques, et rendre au pays un immense service. Je ne saurais donc trop vous conseiller cette culture.

Si vous adoptez la méthode de butter vos betteraves-disettes, ne vous contentez pas de faire une seule fois cette opération ; elle doit être répétée tous les quinze ou vingt jours, tant que la betterave monte au-dessus de la terre. Quand vous verrez qu'elle ne poussera plus en haut, alors vous vous bornerez à sarcler les mauvaises herbes qui viendront dans les rangs, ce qui donnera encore un petit labour à vos plantes et les fera grossir.

N'imitez pas les cultivateurs qui *émondent* pour ainsi dire leurs betteraves, et donnent les feuilles à leurs bestiaux pendant l'été ; c'est ce que je pourrais nommer faire manger son bien en herbe ; mais vous pouvez, sans inconvénient, cueillir les feuilles qui jaunissent ou qui se

trouvent détachées ou rompues par le vent. La
substance que les betteraves puisent dans l'air
par leurs feuilles, contribue presque autant à
leur accroissement que les sucs qu'elles trouvent dans le sein de la terre : si vous les privez
de ces feuilles, il en résultera nécessairement
une perte pour la plante. Ce n'est qu'à l'époque
où elles auront atteint tout leur développement,
vers le premier septembre, que vous profiterez
des feuilles. Commencez alors à les cueillir, en
effeuillant celles qui se trouvent en dehors, et
conservant toujours celles du milieu. Donnez-
les soit aux porcs qu'elles engraissent fort bien,
soit aux vaches pour lesquelles elles sont une
très-bonne nourriture.

J'ai récolté des betteraves qui pesaient jusqu'à 5 kilogrammes et demi (11 livres) chacune,
et il n'est pas rare d'en trouver de 3 et 4 livres.
Voyez quel avantage immense présente cette
culture ! En conservant les distances que je
vous ai indiquées entre chaque betterave et
chaque rang, un hectare peut contenir plus de
40,000 plantes ; supposez chacune de la pesanteur d'une demi-livre seulement, vous aurez
10,000 kilogrammes, qui équivalent, pour la
nourriture de vos bestiaux, comme je vous l'ai
dit, à 2000 ou 2500 kilogrammes de fourrage
sec.

Les betteraves-disettes se récoltent vers la fin

d'octobre ou le commencement de novembre, avant les gelées, qui leur causent beaucoup de tort et les font pourrir. Pour les arracher, on soulève la terre en dessous, afin d'avoir la plante entière, qui se romprait facilement, si l'on ne prenait pas cette précaution. Il faut choisir, autant que possible, un beau jour, afin qu'elles puissent se sécher à l'air, avant d'être mises en monceaux. Après avoir coupé toutes les feuilles, vous placerez vos betteraves dans un lieu sec à l'abri des gelées, en les posant l'une d'un sens, l'autre en sens opposé, comme l'on fait ordinairement des bouteilles, afin qu'elles prennent moins de place. Il n'est pas nécessaire de mettre de la paille entre les couches; mais plus vos betteraves seront en ordre et pressées les unes contre les autres, moins elles seront exposées à être entamées par les souris ou les rats.

On vous a quelquefois vanté les *silos* comme moyens de conservation des racines pour l'hiver. Les *silos* sont des fosses que l'on creuse en terre dans un lieu sec, à la profondeur d'environ 66 centimètres (2 pieds), et sur telle longueur qu'on juge convenable. Après avoir bien nettoyé la fosse, on y entasse, en les rapprochant le plus possible, les racines qu'on veut conserver. Une fois la fosse bien remplie, on recouvre de terre, en forme de *tombe* ou de sillon élevé, et on foule pour que l'eau ne pénètre pas. Le silos ainsi préparé, on fait à l'entour des rigoles un peu plus profondes que le silos lui-même, afin que toute l'humidité puisse s'échapper et que les racines soient constamment à sec.

Ainsi disposées, elles se conservent parfaitement, et sont à l'abri des animaux malfaisants et des plus fortes gelées. Quand on ouvre un silos, on doit enlever de suite tout ce qu'il contient de racines, parce que, s'il survenait des pluies, on serait exposé à perdre ce qui resterait.

Lorsque les betteraves approchent de leur maturité, les plus belles deviennent quelquefois la proie des mulots et des musaraignes, qui les creusent et les dévorent ; il faut alors donner la chasse à ces animaux, et il n'est pas facile de s'en défaire. Le mieux est d'arracher les betteraves aussitôt qu'elles sont mûres, et avant qu'elles soient trop endommagées.

Après la récolte des betteraves, vous pourrez, mes chers amis, faire un ensemencement en froment, sans nouvel engrais, comme après les pommes de terre, et c'est le moment de vous parler ici de l'amélioration qu'éprouve le sol par la culture des plantes sarclées.

Il est bien reconnu que, plus la terre est divisée, retournée, plus ses différentes parties sont exposées aux rayons du soleil et reçoivent

les impressions de l'air, plus elle devient fertile et propre à la culture. Il est inutile de vous
en expliquer les motifs, parce que cela nous
conduirait dans une discussion scientifique que
vous auriez de la peine à comprendre : il fau-
drait auparavant que vous fussiez bien familia-
risés avec la physique et les expressions ou
les termes que l'on est obligé d'employer dans
cette science. La physique et la chimie, en les
appliquant à l'agriculture, seraient fort utiles,
sans doute, mais je n'entreprendrai pas cette
année de vous en développer les principes ; qu'il
nous suffise maintenant de connaître les effets,
une autre fois nous rechercherons les causes.
Je dis donc qu'il est reconnu en fait que l'exposition des différentes parties du sol aux rayons
du soleil et à l'action de l'air, le rend plus
fertile.

Il suit de là que la culture des plantes sarclées doit nécessairement augmenter la fertilité :
plus la terre est labourée, plus elle devient
meuble, c'est-à-dire, *divisée, menue*, facile à
travailler. La nécessité de butter les pommes
de terre, de bécher les betteraves entre les
rangs, si on ne veut pas les butter, fait que le
sol reçoit un nouveau labour à chaque fois qu'a
lieu ce travail indispensable, si vous voulez
avoir de beaux produits ; il est impossible de
faire la récolte des plantes sarclées, sans que la

terre soit de nouveau remuée, ce qui lui donne encore un labour. Enfin, ces plantes, par leur végétation même, par leur forme, leur nature, la divisent encore et la soulèvent. La terre est donc, après les plantes sarclées, parfaitement ameublie, première amélioration.

Par une conséquence nécessaire, plus elle est *ameublie*, plus elle reçoit les impressions de l'air, et vous le comprenez sans peine, puisque le simple bon sens dit que l'air pénètre plus facilement dans un sol bien divisé que dans celui qui est dur et compact, seconde amélioration. Enfin, par suite de ces fréquents labours, toutes les parties du sol se trouvent tour à tour exposées aux rayons du soleil, et vous savez quel en est l'effet; le soleil échauffe et vivifie la terre. Remarquez tous vos champs exposés au midi; ne sont-ils pas beaucoup plus productifs que ceux dont la pente est vers le nord? Peut-être, direz-vous que le vent froid qui vient de ce côté, contribue à retarder ou à diminuer la végétation, cela est vrai; mais toujours est-il que, plus la terre recevra de rayons du soleil qui la pénètreront, plus elle sera fertile. Ainsi, troisième amélioration résultant de la culture des plantes sarclées.

Ce n'est pas tout encore, mes chers amis; le sol renferme dans son sein une immense quantité de graines qui germent aussitôt que la couche de terre qui les recouvre est assez mincepour laisser arriver jusqu'à elles l'air nécessaire. Ces graines ont pour la plupart mûri dans les jachères, comme je vous l'ai dit, et donnent naissance à des plantes qui nuisent à vos récoltes, soit en les étouffant par leur nombre, soit en se mêlant aux grains. La majeure partie ne sont pas des plantes *vivaces*, mais elles périssent aussitôt que le germe est détruit ou que la tige est brisée. On nomme *plantes vivaces* celles dont la racine se conserve en terre pendant plusieurs années, et pousse de nouvelles tiges, quand les premières ont porté leurs fruits ou ont été coupées ; de ce nombre est le chiendent, etc. Les labours que nécessite la culture des plantes sarclées détruisent presque toutes ces plantes vivaces ou non, en mettant à découvert les racines des premières qui périssent alors, et en coupant ou arrachant les autres à mesure qu'elles lèvent. Il en résulte que la terre qui s'est améliorée, ainsi que vous venez de le voir, se nettoie et fournit ensuite des récoltes plus nettes, et par cela même d'une qualité supérieure.

Tout ce que je vous ai dit des plantes sarclées, mes chers amis, doit vous convaincre de l'importance de leur culture et des nombreux avantages que vous y trouverez ; sous tous les rapports possibles, leur utilité se présente sans pouvoir être contestée. Vous ne pouvez donc vous dispenser d'en adopter l'usage sans être ennemis de vos propres intérêts, sans vous nuire à vous-mêmes volontairement. Je ne concevrais pas la conduite de ceux d'entre vous qui se refuseraient à cette culture si précieuse à tous égards. Ensemencez vos champs alternativement en céréales, en prairies artificielles, en pommes de terre et en betteraves-disettes ; laissez le moins de jachères que vous le pourrez, c'est-à-dire, n'en conservez que ce qui est strictement nécessaire pour faire faire à vos bestiaux un exercice que la santé réclame ; que vos jachères ne durent jamais plus d'une année, voilà le meilleur mode de culture, ou, pour me servir d'une expression que je vous ai déjà expliquée, le meilleur assolement et le plus profitable que vous puissiez adopter. En le suivant, vous doublerez en peu d'années les produits de vos exploitations, et vous augmenterez votre richesse. Je vous ai quelquefois présenté ma ferme comme terme de comparaison ; il n'en est pas une des vôtres qui ne puisse acquérir le même degré de prospérité, si vous savez en tirer tout le parti dont elles sont susceptibles.

Je vais, en finissant la veillée, vous dire quelques mots de la culture de diverses espèces de choux et de navets. Je commencerai par le *chou.*

Chou.

Nous devons à M. Yvart (*Traité des Assolements*), des détails fort intéressants sur la culture du chou.

Les terrains meubles, profonds et substan-
tiels conviennent particulièrement à la culture
des choux, ainsi qu'une atmosphère humide et
brumeuse, un climat doux et tempéré.

La préparation du sol est la même que celle
que nous avons indiquée pour les pommes de
terre.

On sème rarement les choux à place, si ce
n'est ceux qu'on destine à être fauchés. Pour bien
réussir, ils doivent être transplantés. On sème
ordinairement les choux au mois de mars, pour
les transplanter en mai et en juin. Quelques cultivateurs les sèment en août et les transplantent
en septembre et en octobre ; cette méthode paraît
moins avantageuse.

Un hectare peut contenir de 15 à 20,000
pieds de choux en les plaçant à 50 centimètres
(1 pied 6 pouces) de distance sur le même rang
et à 1 mètre (3 pieds) entre les rangs.

En buttant les choux avant qu'ils aient atteint
un trop grand développement, cette opération
produit un très-bon effet; elle peut servir à
procurer une double récolte en semant sur la
terre ainsi relevée, quelques graines de plantes
qui croissent à l'ombre et ne nuisent pas à la

végétation du chou, parce qu'il va puiser beaucoup plus bas les sucs qui lui sont nécessaires.

L'effeuillage des choux ne doit commencer
que lorsqu'ils ont atteint environ les deux tiers
de leur développement, par le même motif que
celui dont je vous ai parlé pour les betteraves.

Le choix des espèces est une chose importante, que le cultivateur ne doit pas négliger.

Les choux peuvent se diviser en deux classes
générales : *les choux pommés* et *les choux bran-
chus*, vulgairement nommés *choux communs*,
ou *choux à vaches*, c'est spécialement de cette
dernière classe que nous parlons.

Les meilleures espèces sont : 1.º le grand
chou cavalier ; 2.º le chou du Poitou, ou chou
à mille têtes ; 3.º le chou moellier, l'un des plus
avantageux, et dont la tige remplie de moelle
sert encore à la nourriture des bestiaux ; 4.º
enfin, le chou vert commun.

Le chou est une plante très-épuisante, ce qui
fait que, dans un bon assolement, sa culture ne
doit revenir dans les mêmes champs qu'à des
intervalles assez éloignés, par exemple tous les
6 à 8 ans.

Pour obtenir de bonnes graines de chou, les
sujets qu'on destine à la produire, ne doivent pas
être effeuillés, ils doivent croître dans un sol
riche et bien exposé à l'air.

Une utile précaution consiste à changer la

graine de pays, parce que le chou, comme beaucoup d'autres plantes, dégénère promptement, quand on sème pendant plusieurs années la graine recueillie sur le lieu même.

Rutabaga ou *chou navet de Suède.*

Cette espèce est encore peu cultivée et mérite de l'être davantage. Le rutabaga peut et doit même être transplanté comme les autres choux. Cependant, semé en bonne terre et en rayon, il réussit très-bien, quoique non transplanté.

Le rutabaga pourrait être cultivé à l'égal des betteraves-disettes. Quelques cultivateurs vont jusqu'à le préférer à ces dernières. Dans les terres neuves, les sols frais et profonds, il donne des produits extraordinaires. Le volume des rutabagas se développe jusque dans le courant de janvier, ce qui prouve que cette plante est peu sensible à la gelée. C'est une bonne culture.

Colza ou *chou à huile.*

Le colza ou chou à huile, dont la culture est trop peu répandue dans notre pays, ouvrirait une nouvelle branche de commerce et d'industrie, si on l'adoptait plus généralement.

L'utilité du colza peut être envisagée sous deux points de vue : comme nourriture pour les bestiaux ou comme spéculation de commerce à cause de sa graine. Sous le premier rapport, la

nourriture que donne le colza a l'avantage d'être
très-précoce, puisque dès le mois de mars on
peut commencer à l'effeuiller pour le donner aux
vaches, et alors il vient au secours des pommes de terre qui commencent à s'épuiser ou
qui, venant à germer, ne sont plus aussi saines
et peuvent même à cette époque occasionner des
coliques : c'est d'ailleurs le temps de mettre en
terre celles que l'on aura conservées. Il remplace
encore les betteraves-disettes, lorsqu'un hiver
rigoureux en a hâté la consommation. Mais c'est
par rapport à la graine surtout que la culture
du colza est avantageuse.

Dans quelques parties de la France on cultive
le colza en grand ; mais c'est dans le nord et en
approchant de la Belgique qu'on le rencontre
avec plus d'abondance, parce qu'il existe dans
ces contrées des fabriques considérables d'huile,
auxquelles on expédie la graine de colza de tous
les points.

Voici, mes chers amis, en quoi consiste la
culture de cette plante :

Le colza se sème depuis le commencement de
juillet jusqu'en août, et le plant demande à être
sarclé avec soin ; la terre destinée au semis doit
être bien fumée et bien meuble. Vers la fin de
septembre, le plant est ordinairement assez fort
pour être mis à place. Après avoir donné un
labour à la terre que l'on veut remplir de colza,

dès le commencement de septembre, et l'avoir pourvue d'engrais, surtout lorsque c'est une terre forte, on donne un second labour pour faire planter. Quelques cultivateurs se servent du plantoir, mais je préfère employer la charrue et suivre la méthode que je vous ai indiquée pour les betteraves-disettes; elle est plus prompte et moins dispendieuse, elle m'a toujours réussi. Le plantoir comprime la terre, et fait que les racines ne se développent pas aussi facilement que lorsque cette terre est rejetée sur les racines mêmes, bien ameublie par la charrue. Par cette méthode, toutes les racines sont allongées dans la terre, tandis qu'avec le plantoir elles se trouvent en grande partie repliées dans une direction opposée à celle qu'elles doivent naturellement avoir; ce qui retarde nécessairement les progrès de la végétation.

Le plant de colza, comme fourrage, se place en observant soit entre chaque pied du même rang, soit entre les rangs, la même distance que pour les betteraves. Quand on le conserve pour graine, il suffit de laisser 33 cent. (1 pied) entre chaque rang. Après l'hiver, et vers le mois de mars, il faut donner un labour entre les rangs de colza, parce que les pieds ont besoin d'être regarnis, soit qu'on les réserve ou non à graine.

La récolte de la graine de colza se fait ordinairement vers la mi-juin, et aussitôt que la majeure partie des *siliques* ou enveloppes qui la contiennent est mûre. Un cultivateur soigneux doit y veiller, quand vient cette époque, afin de saisir le moment favorable. Vingt-quatre heures de retard suffisent quelquefois pour occasionner une perte considérable, parce que, arrivées à une maturité parfaite, ces siliques s'ouvrent et laissent échapper la graine. On n'a pas, à proprement parler, besoin de faire des semis de colza tous les ans; aussitôt après la récolte, en arrachant tous les pieds que l'on peut utiliser, soit en les brûlant en monceaux, soit en s'en servant pour chauffer le four, on peut se contenter de passer la herse sur le sol; on verra bientôt lever une grande quantité de jeune plant. Arrosez-le avec le purin, ou répandez par-dessus de la fiente de poules ou de pigeons; il deviendra aussi beau, aussi vigoureux que celui d'un semis fait exprès. L'emploi de ces engrais produit un effet vraiment merveilleux.

Vous pourrez, après la récolte du colza, en ne réservant que la quantité de terrain nécessaire pour avoir suffisamment de plant, donner un léger labour à la terre, et la remplir de *verte,* de trèfle incarnat ou commun, ou bien de *vesce d'hiver,* espèce de fourrage dont j'avais omis de vous parler, lorsque nous nous occupions des prairies artificielles, et qui convient parfaitement aux terres fortes, argileuses et humides, sans être cependant trop mouillées l'hiver. C'est un très-bon fourrage, et qui manque rarement. Si vous l'aimez mieux, vous pouvez après le colza ensemencer votre champ en froment ou en avoine, ou toute autre espèce de céréales que l'on sème à l'automne.

Carottes.

La carotte est encore une des plantes qu'on peut le plus utilement cultiver. Quoique la carotte ne soit pas difficile sur la nature du terrain, un sol sablonneux et profond est celui dont elle paraît le mieux s'accommoder. Sa culture prend rang dans l'assolement, entre deux ensemencements de céréales. Elle demande pour la préparation des terres et la distribution des engrais, les mêmes soins que les autres plantes sarclées.

La carotte se sème ordinairement à la volée ou mieux encore en rayons espacés de 33 centimètres (un pied) dans le courant des mois de mars ou avril, selon que la température est plus douce. La quantité de graines nécessaire pour un hectare, est de 4 à 5 kil. (8 à 10 livres). Il convient de bien sarcler le plant et de l'éclaircir toutes les fois que les carottes se trouvent trop rapprochées les unes des autres, ce qui les empêcherait de grossir. On arrache ordinairement les carottes vers la fin d'octobre, et on les conserve pour l'hiver dans des *silos*, ainsi que je vous l'ai expliqué pour les betteraves, après avoir exactement enlevé les feuilles en les coupant au collet de la racine.

Les carottes ne portent ordinairement de graine que la seconde année. On choisit, pour la reproduction, les plus belles et les plus saines; on les plante en bonne terre, au mois d'avril qui suit la récolte des racines. La graine de deux ans, est généralement plus estimée que celle de l'année ; quelques expériences ont donné lieu de penser qu'alors les carottes avaient moins de disposition à *monter*.

Navet.

A ne considérer le *navet* que comme fourrage, sa culture est très-avantageuse, surtout en ce qu'elle demande peu de soins. Semé après un léger labour en bonne terre, il fournira vers la fin de l'hiver une bonne nourriture à vos bestiaux, et viendra comme auxiliaire des autres plantes dont je vous ai parlé. Choisissez de préférence les terres légères et sablonneuses, la qualité du navet en sera meilleure. Le navet est encore une des plantes qui doivent entrer dans l'assolement comme culture *intercalaire*.

Panais.

Enfin, si votre terre est profonde, c'est-à-dire, si la couche de terre végétale ou *sol* a beaucoup d'épaisseur, cultivez les *panais*, plante à racine longue et pivotante, adoptée dans quelques parties de la Bretagne, où l'on en tire un excellent produit. On le sème en mars et pendant une partie de l'été.

Mon but, je vous l'ai annoncé en commençant nos veillées, mes bons amis, n'est pas de vous donner un cours complet d'agriculture, mais de vous faciliter, par quelques notions simples, les moyens d'arriver graduellement à des améliorations dont la nécessité est généralement sentie.

Je vous ai démontré les inconvénients de l'assolement triennal ; j'ai combattu le système de la conservation des jachères ou terres à repos, en vous faisant connaître combien elles sont nuisibles; je vous ai indiqué la classification générale des terres et l'application des divers engrais à chaque espèce ; il me reste, mes chers amis, à vous indiquer la distribution de la nourriture que vous devrez donner à vos bestiaux pendant toute l'année, après avoir adopté le mode de culture dont nous nous sommes occupés jusqu'à ce moment. Avant de nous séparer, je vous prie de jeter les yeux sur cette espèce de petit calendrier que j'ai préparé pour vous, dans le but de mieux classer dans votre mémoire l'époque des divers ensemencements qu'il vous importe de bien connaître. J'ai pensé qu'en le divisant en quatre parties selon les saisons, il serait plus intelligible. Mais vous remarquerez que vous pourrez avancer ou retarder de quelques jours les époques indiquées, suivant le climat que vous habitez, ou l'état de l'atmosphère.

TABLEAU DES ENSEMENC

	PRINTEMPS.	ÉTÉ.
	MARS.	**JUIN.**
Semer	Avoine noire, trèfle commun, orge, luzerne, blé de printemps, sainfoin, grande chicorée, pois, vesces, carottes, panais, choux, rutabaga, spergule, lupuline.	Blé-noir, cardères, navettes de printemps.
Planter	Pommes de terre précoces, arbres verts, chênes, châtaigniers, boutures de peupliers, et osiers.	Betteraves — disettes, choux turneps. Herser les pommes de terre; butter les pommes de terre précoces.
	AVRIL.	**JUILLET.**
Semer	Laitues à vaches, lin de printemps, chanvre, betteraves-disettes, graine de foin, carottes.	Colza, navets, choux communs.
Planter	Pommes de terre, maïs, houblon. Greffer les pommiers, entueller les châtaigniers.	Butter les pommes de terre; cultiver les betteraves-disettes et les arroser avec le purin.
	MAI.	**AOUT.**
Semer	La vesce de printemps, le colza, sarrasin ou blé-noir, navets précoces, lupin blanc.	Trèfle incarnat, gaude, navets, grande chicorée.
Planter	Betteraves-disettes, chou rutabaga.	Butter les pommes de terre tardives; cultiver les betteraves-disettes avec la houe à cheval.

NTS, PLANTATIONS, ETC.

AUTOMNE. HIVER.

SEPTEMBRE.	DÉCEMBRE.	
Avoine ou orge pour couper en vert, vesces d'hiver, trèfle incarnat.	. . . .	Semer
= Commencer la récolte des feuilles de betteraves-disettes, colza.	= Continuer la plantation des arbres. Taille des arbres à fruits.	Planter
OCTOBRE.	JANVIER.	
Avoine blanche, blé, seigle, lin d'hiver.	. . . .	Semer
= Chênes, châtaigniers, coudriers, colza, rutabagas.	= Comme au mois précédent.	Planter
NOVEMBRE.	FÉVRIER.	
Froment rouge, mousse et barbu, blé de providence, seigle.	Fèves et féveroles, avoine, œillette.	Semer
= Peupliers, osiers, châtaigniers, choux communs.	= Choux communs, arbres verts, châtaigniers.	Planter

7

TREIZIÈME VEILLÉE.

Explication des mesures, et tableau comparatif des anciennes aux nouvelles. — Combien rend un hectare en trèfle incarnat et en autres fourrages verts. — Ce que consomment 14 têtes de bétail. — Moyen de connaître le nombre de bestiaux que l'on peut avoir. — Calcul de la nourriture d'été et de la nourriture d'hiver. — Tableau comparatif des produits de deux fermes de même contenance, l'une cultivée par l'assolement triennal et les jachères, l'autre par le système de l'assolement alterne. — Produits d'une vache. — Principes d'hygiène. — Maladies des bestiaux et remèdes. — Des plantations. — Destruction du puceron lanigère ou *blanc*.

Mes leçons seraient incomplètes, mes chers amis, dit Jérôme, si, après vous avoir parlé des avantages résultant des prairies artificielles et de la culture des plantes sarclées, par rapport à la nourriture des bestiaux, je ne vous disais pas dans quelle proportion vous devez leur distribuer cette nourriture, et quelle quantité convient à chacun. Mais, avant de commencer ce qui a rapport à cette partie de nos instructions, je veux vous parler des mesures usitées aujourd'hui, et dont l'uniformité rendra le commerce plus facile.

MESURES AGRAIRES.

Les dénominations anciennes les plus connues, sont :

La perche de. . . .	22	pieds.
La corde de.	24	*id.*
La boisselée. . . .	7	perches.
Le sillon de. . . .	4	cordes.
Le journal de. . . .	80	*id.*
L'arpent de.	100	perches.
Le journal de. . . .	100	cordes.
Le jour de terre de	120	*id.*

Aujourd'hui on a substitué à ces dénominations, qui indiquaient, selon les usages des diverses provinces, des contenances très-variées, les dénominations suivantes, qui désignent des contenances uniformes pour toute la France :

Centiare ou centième partie de l'*are* (mètre carré.)

Are ou centième partie de l'*hectare.*

Hectare ou *arpent.*

L'*Are* est égal en longueur à 30 pieds, 9 pouces, 3 lignes de l'ancienne mesure, ou 10 mètres, et se trouve par conséquent plus fort que la *corde* de 6 pieds 9 pouces 3 lignes. On le nomme encore *décamètre carré.* L'are est l'unité des mesures agraires, dont les centiares sont les fractions, qui se subdivisent encore en *milliares* pour arriver à déterminer une contenance exacte.

L'*Hectare*, ou cent *ares*, est d'une contenance équivalente à un peu plus de deux journaux de 80 cordes, ou un jour et demi de 120 cordes.

Il est très-important, mes amis, que vous vous familiarisiez avec ces nouveaux termes, les seuls admis dans tous les actes publics. Pour vous rendre cela plus facile, je vais vous écrire en regard de la contenance des anciennes dénominations, ce qu'elles valent réduites d'après le nouveau système. Vous pourrez alors vous rendre aisément compte des autres contenances : je négligerai les *milliares* pour ne pàs vous surcharger la mémoire.

Perches de 22 p.	Ares.	Centiares.	Cordes de 24 p.	Ares.	Centiares.
1	»	51	1	»	60
2	1	2	2	1	21
3	1	53	3	1	82
4	2	4	4	2	43
5	2	55	5	3	3
6	3	6	6	3	64
7	3	57	7	4	25
8	4	9	8	4	86
9	4	60	9	5	47
10	5	11	10	6	7

Sillons.	Ares.	Cen-tiares.	Sillons.	Ares.	Cen-tiares.
1	2	43	6	14	58
2	4	86	7	17	1
3	7	28	8	19	44
4	9	71	9	21	87
5	12	15	10	24	31

Journal de 80 cordes.

	Hectares.	Ares.	Centiares.
1	»	48	62
2	»	97	24
3	1	37	87
4	1	94	49
5	2	43	11
6	2	91	74
7	3	40	36
8	3	88	99
9	4	37	61
10	4	86	23

Journal ou arpent de 100 perches.

	Hectares.	Ares.	Centiares.
1	»	51	07
2	1	2	14
3	1	53	21
4	2	4	28
5	2	55	35
10	5	10	70

Journal de 100 cordes.

	Hectares.	Ares.	Centiares.
1	»	60	77
2	1	21	54
3	1	82	31
4	2	43	8
5	3	3	85
10	6	7	70

Jour de 120 cordes.	Hectares.	Ares.	Centiares.
1	»	72	93
2	1	45	87
3	2	18	80
4	2	91	74
5	3	65	67
10	7	29	34

Par rapport aux mesures de capacité et de pesanteur, je me bornerai, mes amis, à vous expliquer brièvement les dénominations nouvelles que vous avez le plus besoin de connaître.

Chaque pays, je dirais presque chaque canton, avait sa mesure particulière, à laquelle il donnait un nom différent. Ainsi, par exemple, on nomme *boisseau* dans une contrée, ce qui porte ailleurs le nom de *canot*, de *demeau*, de *quart*, etc. Toutes ces différences disparaissent devant le nom de *double décalitre* (20 litres), qui désigne la mesure légale dont on se sert dans les marchés pour le grain ; d'*hectolitre*, ou mesure de *cent litres*, pour d'autres denrées (1).

De même, pour les mesures de pesanteur, aux noms de *livres*, *onces*, *gros*, on a substi-

---

(1) 5 *doubles-décalitres* font 1 *hectolitre*. 8 doubles-décalitres font une *somme* ordinaire de blé. Le *litre* est l'unité des mesures de capacité.

tué les mots de kilogramme, hectogramme,
décagramme, etc. Le *kilogramme* représente
à peu près deux *livres* anciennes, l'*hectogramme*, environ trois *onces* ; le *décagramme*,
deux *gros*.

Je ne vous parlerai pas des mesures de
longueur, telles que le *myriamètre*; expression
qui désigne la distance d'environ deux lieues
anciennes ; le *kilomètre*, celle d'un quart de
lieue.

Je pense, mes amis, que vous comprendrez suffisamment désormais ces termes nouveaux, auxquels vous vous habituerez peu
à peu.

Revenons maintenant à la nourriture des
bestiaux : vous comprenez bien que je ne
peux vous donner ces indications qu'approxima-
tivement ; comme l'abondance des récoltes dépend d'une foule de circonstances, de même
la consommation est plus ou moins grande
selon l'espèce, l'âge, la taille des bestiaux,
la nature et la qualité des fourrages, l'état
de la température, etc., etc.... Nous serons
obligés alors de prendre un terme moyen, tant
pour le nombre de bestiaux, eu égard à la gran-
deur de l'exploitation, que pour la quantité de
la nourriture.

Depuis le 15 avril jusqu'au 15 septembre,
soit quelques jours plus tôt, soit quelques

jours plus tard, vos bestiaux seront nourris au vert ;

Une vache de moyenne taille mange habituellement environ par jour 20 kilogrammes (40 livres) de fourrage vert ;

Un bœuf en mangera 30 kilogrammes ;

Un cheval de trait, 40 kilogrammes.

Calculons ce que doit rapporter un hectare ensemencé 1.º en trèfle incarnat, 2.º en autres fourrages :

Une bonne coupe de trèfle incarnat équivaut à deux coupes de trèfle ordinaire, soit au plus bas 23,000 kilogrammes.

Ainsi 10 vaches consommeront par jour 200
   2 bœufs. 60
   2 chevaux. 80
     Total par jour. . . . 340

pour 14 têtes de bétail.

Ce qui donnera par mois, c'est-à-dire du 15 avril au 15 mai. 10,200

Supposez que ces bestiaux mangent un tiers de plus, et que le trèfle incarnat rende un tiers de moins, vous aurez encore plus de nourriture que le nécessaire.

Voyons maintenant pour le trèfle ordinaire et pour la luzerne ; les autres fourrages verts rendent à peu près dans la même proportion.

On a calculé qu'un hectare ensemencé en trèfle ou en luzerne produit par an de 23 à 26 mille kilogrammes de fourrage vert, la seconde année, depuis le 15 mai au 15 août.

Prenons pour base de la consommation, ce que nous venons de dire pour le trèfle incarnat ; nous trouvons que les 14 têtes de bétail consommeront 26,100 kilogrammes, ce qui dépasserait un peu le produit moyen d'un hectare ; mais remarquez que depuis le mois de mai au mois de septembre, les bestiaux consomment moins à l'étable, parce qu'ils trouvent plus dehors que dans toute autre saison ; ainsi, avec un hectare en trèfle ou en luzerne, vous aurez amplement de quoi nourrir quinze ou seize vaches, ou dix vaches, deux bœufs et deux chevaux. Ce calcul n'est point exagéré, mes chers amis, vous pouvez vous-mêmes en vérifier l'exactitude dès le printemps prochain. Voulez-vous savoir quel nombre de bestiaux vous pourrez nourrir avec ce que vous aurez de trèfle ? En commençant à le couper, pesez la quantité que vous donnerez à chaque vache pendant un jour, et rapprochez ce poids de la quantité de terre que vous aurez fauchée ; si, pour dix vaches vous avez découvert une étendue de dix mètres carrés ou un are, 48 ares 62 centiares (un journal) vous donneront pendant autant de jours une nourriture assurée pour ce nombre de bestiaux. Je ne parle ici que de la première coupe, et vous pourrez presque toujours commencer la seconde, quand vous serez à la fin de la première ; d'où il résulte qu'il n'y aura pas d'interruption dans la manière dont vos bestiaux seront nourris , et qu'il vous sera toujours facile de savoir combien vous pourrez en nourrir et pendant combien de temps.

Cette épreuve faite une année vous servira de guide pour l'ensemencement des années suivantes. Je ne cesserai jamais de vous répéter que, plus vous pourrez multiplier le nombre de vos bestiaux , plus vous aurez d'avantages sous tous les rapports. Je vais bientôt vous le démontrer de la manière la plus évidente; mais poursuivons notre examen relativement à la nourriture :

Nous venons de voir qu'au moyen des prairies artificielles , les bestiaux seront pourvus depuis le mois d'avril au mois d'octobre, c'est-à-dire pendant à peu près six mois de l'année, et qu'en doublant la quantité de vos prairies artificielles, vous pouvez aussi doubler le nombre de vos bestiaux.

Examinons maintenant la consommation pendant les six autres mois.

Si vous n'avez d'autres ressources que le foin sec , et que vous soyez forcés d'en donner tous

les jours à vos bestiaux pour les nourrir suffisamment, chaque vache
en consommera. .   5 kilog. ou (10 liv.)
ce qui fera par mois. 150 kilog. ou (300 liv.)
ou pour six mois. . 900 kilog. ou (1800 liv.)

La quantité serait, pour dix vaches, de 50
kilogrammes par jour ; et, pour six mois, de
9000.

Mais, habituellement, et d'après le système
que vous suivez, sur ces six mois vous tenez
encore vos bestiaux à la pâture pendant à peu
près la valeur de trois mois au moins ; ce qui
diminue de moitié la consommation de fourrage,
et la réduit à 5000 kilogrammes environ pour
dix vaches. Je vous ai dit l'inconvénient de laisser
vos bestiaux dehors pendant si long-temps, et
combien il est plus avantageux de les nourrir
à l'étable ; je ne reviendrai pas là-dessus. Venons à l'usage des pommes de terre et des
betteraves-disettes.

La consommation de foin sera d'autant moindre
que vous donnerez à vos vaches une plus grande
quantité d'autre nourriture. Rappelez-vous que
deux kilogrammes de pommes de terre ou de
betteraves, équivalent à peu près à un kilogramme
de foin. Un hectolitre de pommes de terre pèse
ordinairement de 60 à 70 kilogrammes.

Donnant à chacune de vos vaches 5 kilogrammes de pommes de terre ou de betteraves-

disettes par jour, un kilogramme de foin et deux kilogrammes de paille, ou deux kilogrammes de foin suffiront. Voulez-vous qu'elles rendent davantage, ou désirez-vous mettre vos bestiaux à l'engrais pour les vendre plus avantageusement? Augmentez plutôt la quantité de betteraves ou de pommes de terre que celle de foin.

Si donc vous récoltez 5000 kilogrammes de foin, ce qui suffirait à peine à la nourriture de dix vaches, même avec la paille et les pâturages dans les jachères; la culture d'un hectare en pommes de terre et un hectare en betteraves vous donnera la facilité d'en avoir au moins quinze, qui, mieux nourries, vous rendront le double des dix dont nous parlons.

C'est ainsi, mes amis, que vous conserverez pendant l'hiver, en bon état, le nombre des bestiaux que vous aurez nourris pendant l'été au moyen des prairies artificielles.

S'il vous restait quelques doutes sur les avantages de cette méthode, je vais, je l'espère, les dissiper entièrement; il ne faut que comparer les produits d'une ferme cultivée avec la vieille routine de l'assolement triennal, à ceux d'une ferme de même contenance cultivée avec la méthode que je vous enseigne. Je me servirai pour cela d'un tableau, parce que vous comprendrez mieux les calculs, en les ayant sous les yeux, et vous les retiendrez plus aisément. Approchez-vous donc, et suivez avec attention :

Je suppose deux fermes de la contenance de 12 hectares chacune, en terres labourables, et 2 hectares en prairies naturelles, ou huit journées de fauche :

PRODUITS *d'une ferme de 14 hectares, cultivée avec l'assolement triennal et les jachères.*

ESPÈCES D'ENSEMENCEMENTS ou compôts.	HECTARES.	PRODUITS DE LA RÉCOLTE. Hecto-litres(*)	Kilog.	VALEUR de LA RÉCOLTE.	ESPÈCE des BESTIAUX.	NOMBRE des BESTIAUX.	Observations.
Prairies naturelles. .	2		4000	fr. 160	Vaches. .	8	Huit vaches mal nourries rendront peu ; la moitié de l'engrais est perdue dans les pâtures; les terres ne sont que faiblement marnis-sées, et les prairies ne le sont presque jamais ; les champs sont remplis de mauvaises herbes, et plus difficiles à cultiver.
Froment.	4	48		576	Porcs. . .	2	
Blé-noir ou orge. . .	2	36		260	Chevaux.	1	
Avoine.	2	30		225			
Jachères.	4						
Total. . .	14	114	4000	1221		11	

(1) Deux hectolitres font *une somme*, pour l'avoine et le sarrasin, et *une somme*, plus deux *doubles-décalitres*, pour le blé ou froment.

PRODUITS *d'une ferme de 14 hectares, cultivée par la nouvelle méthode.*

ESPÈCES D'ENSEMENCEMENTS ou compôts.	HECTARES.	PRODUITS DE LA RÉCOLTE.		VALEUR de LA RÉCOLTE.	ESPÈCE des BESTIAUX.	NOMBRE des BESTIAUX.	Observations.
		Hect.	Kilog.				
Prairies naturelles. .	2	»	6,000	fr. 240	Vaches. .	15	Quinze vaches seront bien nourries par cette culture, et rendront beaucoup en lait, beurre et engrais; les prairies, arrosées de purin, donneront plus de foin ; les terres seront plus propres, plus faciles à labourer ; les récoltes plus nettes et d'une qualité supérieure, et deviendront plus abondantes par suite de l'amélioration des terres.
Froment.	4	48	»	624			
Trèfle incarnat, intercalé entre le froment et le blé-noir, ou les betteraves. .	(1)	»	22,000	»	Porcs. . .	4	
Blé-noir ou orge sur trèfle.	2	36	»	296	Chevaux.	2	
Avoine.	2	30	»	255			
Trèfle de la seconde année.	1	»	23,000				
Pommes de terre. . .	1	150					
Betteraves-disettes. .	1	»	30,000				
Jachères.	1						
Total. . .	14	264	81,000	1415		21	

Différence entre les deux exploitations, pour la valeur des récoltes seulement. . . . 194 fr.

Cette différence, résultant de la qualité des céréales et de l'augmentation de foin, peut être quelquefois beaucoup plus considérable; mais ce n'est pas là la principale : remarquez que je ne fais pas entrer en ligne de compte le produit des prairies artificielles ni des champs ensemencés en pommes de terre ou en betteraves-disettes. La raison en est que j'applique ces produits au bénéfice résultant de l'augmentation du nombre des bestiaux.

Avez-vous calculé quelquefois ce que rapporte une vache par an ? Voici ce calcul fait au plus bas :

Supposons qu'elle ne donne du lait que pendant six mois de l'année : que chaque semaine, pendant ces six mois, on n'obtienne que trois livres de beurre, cela produira :

par mois. . . . 6 kilog. (12 livres),
pour six mois. . 36 kilog. (72 livres).

Prenons le prix moyen du beurre,
75 c. (15 sous) la livre, nous avons.   54 fr.

Le lait de beurre, ou *lait baratté*, ne servît-il qu'à la nourriture des porcs, vaut, au moins, pour six mois.   9

Chaque vache fera par an un veau, dont le prix moyen sera de.   10

A reporter. . . .   73 fr.

Report. . . .   73 fr.

Ne comptant pas la nourriture, nous laisserons de côté la valeur du fumier comme compensation des frais de service et d'entretien. Reste en bénéfice net.   73

Quinze vaches donneront donc un produit de.. 1095

Tandis que huit vaches ne donneraient que.   584

Différence en faveur de l'exploitation avec les prairies artificielles, les pommes de terre et les betteraves-disettes. . . . .   511 fr.

Il en est de même pour les porcs : si vous en engraissez quatre au lieu de deux, le bénéfice sera nécessairement double.

Ajoutez à cela le purin et tous les engrais au moyen desquels augmenteront chaque année vos recettes, et dites-moi laquelle des deux exploitations est la plus avantageuse ?

Après vous avoir parlé des bénéfices que vous recueillerez en augmentant le nombre de vos vaches, je dois vous faire connaître les caractères qui constituent les plus belles espèces de vaches : (1) elles doivent avoir la tête courte,

______

(1) Cette description est due à M. Paquer, médecin-vétérinarie à Nantes, membre de la Société Royale Académique.

le front carré, le chanfrein légèrement aquilin, les cornes fines et placées d'une manière régulière, le col épais, la poitrine ouverte et vaste, au point que la profondeur du thorax, prise du garot au-dessous de la poitrine, excède la longueur des membres antérieurs (de devant), qui, par cette disposition paraissent courts, le fanon pendant, le corps vaste et cylindrique (arrondi), les épaules grosses, le dos, les reins et le cimier sur la même ligne et larges, les membres bien musclés et d'aplomb, le cuir moelleux et souple, la mamelle bien développée, les trayons moyens et régulièrement placés, les *cordons* ou veines laiteuses bien prononcées.

Avant de vous parler des maladies qui affectent le plus souvent les bestiaux de la race bovine (les vaches et les bœufs), je dois vous indiquer, mes amis, quelques précautions à prendre pour la conservation de leur santé. S'il est utile de connaître les moyens de guérir les maladies, il est plus utile encore de savoir les prévenir, tel est le but de l'*hygiène.*

De toutes les conditions qui concourent à entretenir la santé chez les hommes comme chez les animaux, la première est une bonne nourriture en rapport avec les habitudes journalières et la conformation de chaque espèce. Mais, quelle que soit la qualité de la nourriture, elle peut encore produire des effets désastreux, si elle

n'est pas donnée à propos , ou si elle est distri-
buée avec profusion. Un bon cultivateur doit
donc veiller à ce que les repas de ses bestiaux
soient réglés avec soin. Plus sages en cela que
ne le sont beaucoup d'hommes, les animaux prennent rarement au-delà des besoins que la nature leur indique ; cependant il importe de remarquer qu'on doit toujours laisser entre chaque
repas un temps suffisant pour que l'estomac
puisse digérer les aliments dont il s'est rempli ,
avant de lui en donner de nouveaux. Une des
causes les plus fréquentes des indigestions ,
vient du peu d'ordre que l'on met ordinairement
dans la distribution des repas. Beaucoup de
cultivateurs s'imaginent que les bestiaux ne sont
jamais mieux soignés que lorsqu'ils ont constamment de la nourriture dans la mangeoire.
C'est une grave erreur qui porte autant de préjudice au cultivateur en le privant d'une quantité considérable de fourrages consommés sans
profit , qu'à l'animal lui-même qui souvent en
éprouve des indispositions quelquefois sé-
rieuses.

Le choix de la nourriture et la méthode dans
la préparation exercent aussi une grande influence sur la santé. La nourriture doit être telle
qu'elle entretienne toujours libre le corps des
animaux ; la constipation est aussi dangereuse
que le trop grand relâchement.

Il faut éviter surtout les aliments qui peuvent occasionner des inflammations dans les voies digestives, de ce nombre sont ceux d'une nature échauffante, donnés en trop grande quantité ou sans mélange. Le meilleur moyen est de varier la nourriture et d'alterner, autant que possible, entre les aliments *échauffants* et ceux que l'on sait être *rafraichissants ;* entre les fourrages secs et les racines ou les feuilles données en vert. Pour les animaux ruminants, tels que les vaches, les bœufs, les moutons, il y a un immense avantage à leur donner de la paille et du foin hachés, mêlés avec les plantes que nous avons indiquées comme les plus convenables à la nourriture d'hiver.

La seconde condition nécessaire pour entretenir la santé, est la propreté. C'est à tort que l'on pense qu'il ne faut pas nettoyer les vaches; et, pour cela, on les laisse quelquefois dans un état dégoûtant de saleté. Dans une exploitation bien tenue, elles doivent être tous les jours sinon *étrillées*, du moins frottées avec une poignée de paille. Cette opération contribue à la circulation du sang et facilite la transpiration.

La propreté dans les étables m'a toujours paru aussi indispensable que celle du corps des animaux. J'ai peine à comprendre comment on voit encore tant de cultivateurs chez lesquels elles ne sont jamais nettoyées : aussi, les araignées s'y réfugient comme dans un asile sacré pour elles. Croiriez-vous, mes amis, qu'il y a des gens assez stupides pour regarder les toiles d'araignées dans leur étable comme une chose à laquelle ils ne doivent pas toucher, sous peine de voir *jeter un sort* sur leurs bestiaux ? Quand donc verrons-nous nos campagnes à l'abri de ces absurdes préjugés !

A propos de la propreté des étables, je dois vous signaler encore les inconvénients qui résultent d'un autre abus aussi trop commun, qui consiste à n'enlever le fumier des étables qu'à des intervalles très-éloignés, quelquefois de trois, de six mois et même plus. Il s'établit dans cette masse de fumier une fermentation telle, que la température de l'étable se trouve singulièrement élevée. Le premier inconvénient et peut-être l'un des plus graves, est le passage subit d'une grande chaleur à un froid quelquefois excessif, quand on fait sortir les bestiaux ; de là naissent des affections pulmonaires, des pleurésies et maintes autres maladies dangereuses et souvent mortelles, dont on semble ignorer les causes. Le second inconvénient est qu'il se dégage de ces amas de fumiers des gaz produits par la fermentation, qui déterminent des inflammations dans les intestins et à la membrane pituitaire; des engorgements et souvent des plaies, des asphyxies, des coups de sang, etc., etc.

Cependant il ne faut pas passer d'un extrême à l'autre, et nettoyer les étables tous les jours; les vaches ont besoin de se reposer sur la litière, dont l'absence pourrait les faire tarir. Il convient alors de prendre un moyen terme et d'enlever le fumier tous les quinze jours dans l'hiver, tous les huit jours dans l'été.

Une autre condition non moins importante, est le renouvellement de l'air. Un des principaux vices de la plupart des étables, est de n'être pas suffisamment aérées. L'air est d'autant plus promptement vicié et corrompu que le nombre des bestiaux est plus considérable. Il faut donc que cet air puisse se renouveler facilement. L'étable doit alors avoir des ouvertures de plusieurs côtés, opposées les unes aux autres, afin de donner à l'air un libre cours.

L'exercice, nécessaire à tous les êtres animés, est indispensable à la santé des bestiaux. C'est particulièrement sous ce rapport que les pâturages sont utiles. Les vaches donnent d'autant plus de lait et se portent d'autant mieux, qu'à une nourriture abondante et saine on joint un exercice modéré et régulier.

Enfin, l'étable doit être disposée de manière à ne pas recevoir l'égout des cours, l'humidité est extrêmement dangereuse. L'étable, pour être saine, doit être toujours élevée au-dessus du sol extérieur, et laisser écouler toute la majeure partie du liquide du fumier, ainsi que nous l'avons dit en parlant du purin.

En prenant ces précautions, on évitera un grand nombre de maladies qui ne doivent leur origine qu'à la négligence, et que l'on attribue souvent, soit à des maléfices, soit à toute autre cause aussi absurde. Suivez donc ces courtes instructions, et bientôt vous ne croirez plus aux sorciers ou aux *jeteurs de sort.*

Quelques soins que l'on apporte à l'entretien des bestiaux, on ne saurait toutefois les garantir toujours de certaines maladies. Nous allons maintenant examiner quels remèdes il convient d'employer dans celles qui se présentent le plus fréquemment.

Les maladies qui affectent le plus ordinairement les bestiaux et surtout les vaches, sont occasionnées soit par l'excès de nourriture, soit par la présence des vers, soit par l'humidité des herbages. La trop grande quantité de nourriture donne lieu à des indigestions ou à la suffocation par abondance de sang.

Ce qu'il y a de mieux à faire dans ce cas, c'est de retrancher la nourriture soit en totalité, soit en partie seulement, jusqu'à ce que l'animal malade se trouve mieux.

Une saignée fait beaucoup de bien et même est indispensable, quand il y a suffocation ; mais quand la maladie provient d'une indigestion, il est peut être très dangereux d'employer ce moyen. Pour en éviter les inconvénients, ayez toujours le soin de faire promener vos bestiaux et de les forcer de se vider avant de les saigner.

Les vers dans les animaux produisent quelquefois des effets extraordinaires, tantôt le dégoût, la tristesse, la cessation de l'appétit ; tantôt, au contraire, un appétit dévorant, des convulsions, des vertiges, des assoupissements et presque toujours le dépérissement. Aussitôt que vous reconnaîtrez la présence des vers, donnez des lavements d'eau dans laquelle vous aurez fait bouillir une forte dose d'herbes aromatiques et amères, telles que l'absinthe, la sauge, la fougère ; mêlez-en à la boisson; faites avaler à la vache malade un demi-verre d'huile ordinaire, ou mieux encore deux cuillerées d'huile d'amandes douces ou d'huile de Ricin : des fumigations d'absinthe réussissent encore très-bien.

Enfin, si la maladie vient d'avoir mangé des fourrages verts mouillés d'eau de pluie ou de rosée, ce qui cause l'enflure ou *météorisation*, maladie toujours dangereuse, il faut employer des moyens prompts et énergiques ayant pour objet de faire évacuer l'air enfermé dans le côté gauche de la panse, et qui, n'ayant pas d'issue, occasionne ce gonflement considérable. On a indiqué bien des remèdes pour cette maladie : les uns conseillent de faire avaler à l'animal *météo-risé* 2 gros (8 grammes) de poudre à canon dans une écuellée d'huile, les autres de l'*ammoniaque* liquide ou *alcali volatil fluor*, à la dose de 4 gros (deux cuillerées) dans un litre d'eau froide, ou 2 gros dans un demi-litre d'eau de lessive également froide. Ce remède est jusqu'à ce moment reconnu pour le meilleur, et je vous le recommande de préférence à tous les autres. Dans toutes les fermes, on devrait toujours avoir une fiole d'*alcali*, afin de pouvoir s'en servir aussitôt qu'on remarque la *météorisation*. Il faut, pour cette maladie, une grande promptitude dans l'application du remède. Quelques-uns recommandent l'emploi d'un tube ou tuyau très-flexible, garni à l'un des bouts d'un gland de plomb percé de plusieurs trous. Ce tuyau, de la longueur de 5 à 6 pieds, s'introduit dans le corps de l'animal par le gosier, jusqu'à l'intestin qui contient l'air, et le force ainsi à se dégager. On emploie encore l'eau de javelle, à la dose d'une cuillerée dans un litre d'eau froide; mais il arrive souvent que l'animal est mort avant que l'on puisse avoir recours à ces procédés. Tout en vous engageant à vous en servir, quand vous le pourrez, il y en a un qui réussit assez ordinairement, c'est de forcer l'animal à courir dès qu'on s'aperçoit que l'enflure se manifeste, ou si l'on est à proximité de l'eau, de le baigner de manière à cacher presque entièrement le corps, ou bien de le faire tenir dans une position où il ait les pieds de derrière beaucoup plus élevés que ceux de devant. Lorsque ces moyens *mécaniques* ne réussissent pas, joints à l'emploi des remèdes que je viens de vous indiquer, appelez un vétérinaire adroit, qui, en pratiquant une ouverture au côté, donnera une sortie à l'air.

Il vaut beaucoup mieux encore prévenir la maladie en habituant par degrés les bestiaux à l'usage de la nourriture d'été après celle d'hiver, en ne leur donnant des fourrages verts, quand il pleut, que mélangés avec de la paille hachée, ou bien le lendemain du jour où ils ont été fauchés et mis à l'abri. Ne conduisez jamais les vaches dans les pâturages de trèfle ou de luzerne, pendant la pluie ou la rosée. Avec ces précautions, il arrivera très-rarement que vos bestiaux soient atteints de cette-maladie.

Avant de terminer nos veillées, je vous ai promis de vous donner quelques indications sur les plantations. Je me bornerai à certains préceptes généraux qui pourront vous être utiles.

Plantations.

L'art des plantations est une branche importante de l'industrie agricole. Il consiste, 1.º à connaître quels arbres prospéreront le mieux dans telle ou telle qualité de terre, et à utiliser par ce moyen les terrains incultes ; 2.° à savoir profiter des circonstances les plus favorables pour assurer la reprise des arbres plantés.

Parmi les arbres, les uns sont cultivés pour leurs fruits, les autres pour l'utilité qu'on retire de leur bois; d'autres sont destinés à l'agrément.

Pour bien planter, il ne suffit pas de faire une fosse, d'y jeter un arbre et de recouvrir ses racines ; il faut préparer la fosse convenablement, choisir son sujet, employer les engrais propres, saisir le moment où la température est favorable, et faire attention à l'époque du développement de la sève, toutes conditions nécessaires à la réussite.

Je dis d'abord qu'il faut préparer sa fosse convenablement. La fosse doit avoir une largeur et une profondeur qui varient selon le sol dans lequel on veut planter. En règle générale, il convient de faire la fosse plus profonde que moins, sauf à la combler en partie au moment de la plantation. Plus la terre est ameublie au pied de l'arbre, plus les racines et l'air la pénètrent facilement. Si le sol est argileux et mouillé, si la couche de terre végétale est mince, plantez presque à la surface, en ayant soin de bien assujettir votre arbre au moyen d'une petite élévation de terre ou de gazon que vous pratiquez au-dessus du sol.

Votre fosse doit être de largeur suffisante pour pouvoir allonger les racines à toute leur longueur, sans les contourner.

Votre arbre mis à place, prenez la précaution de ne laisser aucun vide entre les racines, choisissez la terre la plus mûre et la mieux ameublie; voilà les premiers soins.

Le choix du sujet est également d'une grande importance : choisissez celui dont les racines sont le plus garnies de *chevelu;* chacun de ces petits filaments est une sorte de pompe qui aspire le suc de la terre et nourrit la sève. Que votre arbre soit de belle venue, jeune et en diminuant de grosseur depuis le bas jusqu'au haut. Ceux dont le pied offre le même diamètre dans une grande partie de leur hauteur, doivent être rejetés par le planteur intelligent. Que l'écorce soit fine, et surtout que l'on n'y remarque pas de *mousse* ou de *lichen,* plantes parasites, qui sont un signe certain de mauvaise qualité dans les jeunes arbres.

Pour une plantation un peu considérable, il est difficile d'avoir des engrais en quantité suffisante. Les meilleurs sont le *tan* bien consommé, les *terreaux* bien mûrs, et surtout les feuilles pourries et réduites à l'état de terreau. A défaut de ces engrais, prenez, comme je vous l'ai dit plus haut, la terre végétale la meilleure, c'est ordinairement celle qui se trouve à la surface

du sol ; mais gardez-vous de mettre sur vos racines des gazons entiers. Jetez-les plutôt dans
le fond de la fosse en les divisant avec la
bêche.

Saisissez le moment où la température est
favorable : le temps des glaces et celui des
grandes pluies ne sont pas ceux qui conviennent
pour les plantations. Un temps couvert et doux
est celui que vous devez préférer ; ne craignez
pas les brouillards, ils ne nuisent jamais. Pour
certains arbres, les résineux surtout, tels que
les sapins, les pins, le vent est très-dangereux ;
aussi ne les plantez jamais par le *hâle*, et attendez un temps humide.

Plantez beaucoup ; plantez surtout vos
terres incultes, celles qui ne paraissent pas
propres à la culture des céréales. En les utilisant
ainsi, vous préparerez des éléments de fortune
pour vos enfants. Souvenez-vous qu'il n'est pas
un arbre planté par vous, pourvu qu'il soit fa-
vorisé par la nature, qui ne gagne dans l'espace
de 30 à 60 ans, selon l'espèce, une valeur cen-
tuple de celle qu'il avait en le mettant à sa place.

Pour vous rendre ces préceptes plus profi-
tables, j'ajouterai un petit aperçu du sol qui convient le mieux aux espèces les plus cultivées
en France :

Plantez le *châtaignier* dans les terres légères
et sèches, celles que nous avons nommées
valaines.

Le *chêne* dans les terres fortes et profondes, sans être trop mouillées.

L'*Ormeau* dans les terrains sablonneux et riches.

Le *peuplier*, le *saule*, l'*aune*, sur le bord des eaux et particulièrement des ruisseaux; les eaux stagnantes leur conviennent moins, surtout aux peupliers. Cette dernière espèce réussit très-bien de *bouture* quelle qu'en soit la grosseur.

Plantez les *arbres verts* dans les landes et sur les coteaux, dans tous les terrains où vous ne pourriez pas mettre autre chose à cause du peu d'épaisseur du sol; mais ils craignent l'humidité. Faites donc dans les landes mouillées de profondes saignées pour égoutter l'eau, et alors vos arbres verts y réussiront à merveille. Parmi ceux-ci, il en est qui doivent être semés à place et non plantés ; de ce nombre sont le *sapin commun* (abies nigra), le pin maritime ou pin de Bordeaux. Vous pourrez cependant les transplanter, mais fort jeunes, en les levant avec *la motte* et sans dégarnir les racines.

Je ne vous ai point encore parlé du *pommier* et du poirier, je les réservais pour la fin, parce que j'avais à vous dire quelque chose de particulier sur le premier.

Le poirier préfère les terres légères et humides; le pommier, les terres fortes et profondes. L'un et l'autre demandent de fréquents labours. On les

greffe dans le courant d'avril de la troisième
année après la plantation. Quelques cultivateurs
les greffent en les plantant ; je ne saurais ap-
prouver cette méthode, qui nuit souvent au développement de l'arbre et le retarde au lieu de
l'avancer. Ne greffez jamais le pommier ou le
poirier (je ne parle pas des arbres de jardin)
avant qu'ils aient atteint la grosseur du poignet
au moins, à la partie la plus voisine des branches.

En vous parlant du *pommier*, je ne dois pas
oublier, mes amis, de vous indiquer un procédé
bien simple, et qui m'a presque toujours réussi,
pour la destruction d'un insecte qui fait le dé-
sespoir des planteurs ; vous voyez que je veux
parler du *puceron lanigère*, vulgairement nommé
le *blanc*. Des pépinières entières en ont été la
proie, et ses ravages s'étendent tous les jours.
On a tenté mille moyens pour détruire le *puceron lanigère*, et cela sans succès marqué. Voici
le mien, et je vous conseille de l'employer.

Il consiste à déposer entre les rangs de vos
pépinières du *fumier de porcs*, puis à frotter les
pieds et les branches de vos pommiers sur lesquels vous remarquez la présence de cet insecte
avec une brosse ou une éponge fortement im-
bibée d'urine de ces mêmes animaux. L'urine
de porcs a la propriété de les faire périr ou au
moins de les faire disparaître. Avant peu d'années, et après quelques essais tentés sur diffé-

rents points de notre territoire, nous aurons, je l'espère, acquis la certitude de pouvoir débarrasser entièrement nos pommiers de ce terrible ennemi, par l'usage de ce remède bien simple et à la portée de tout le monde.

Voilà ce que j'avais à vous dire relativement aux plantations. Nos veillées sont terminées à mon regret, mes bons amis; mais nous nous reverrons. En attendant, mettez en pratique les leçons que je vous ai données; renoncez à la routine! la routine!.... Mais elle est le plus dangereux ennemi de vos intérêts! Elle vous fait plus de tort que les inondations et la grêle : on répare en peu d'années les pertes que ces fléaux ont fait éprouver, on ne répare jamais celles causées par la routine, à moins de l'abandonner pour suivre un meilleur système. Hâtez-vous donc, mes amis, continuez de donner le bon exemple pour les progrès de l'agriculture, comme vous l'avez fait jusqu'ici par votre bonne conduite. Que l'on vous cite partout comme des modèles de vertu en tous genres : ce sera le moyen de me témoigner votre reconnaissance, si vous croyez m'en devoir quelque peu, de rendre service à votre pays, à vous-mêmes et d'obtenir l'estime de tous les honnêtes gens.

FIN

TABLE DES MATIÈRES.

Pages.

ERRATA.

—

Page 110, ligne 15, au lieu de *l'état habituel de la végétation*, lisez : *l'état habituel de la température.*

Page 110, ligne 22, au lieu de *développement de la température*, lisez : *développement de la végétation.*

ENCOURAGEMENT

AUX PROGRÈS AGRICOLES

DÉCERNÉ

PAR LE JURY D'AGRICULTURE

du Canton d

Arrondissement d

Département d

à

LE SECRÉTAIRE,   LE PRÉSIDENT DU JURY,

www.ingramcontent.com/pod-product-compliance
Ingram Content Group UK Ltd.
Pitfield, Milton Keynes, MK11 3LW, UK
UKHW020241180726
13839UKWH00001B/105